U0741820

儿童认知情绪管理
高情商养育的秘密

谢晓洁◎著

中国铁道出版社有限公司
CHINA RAILWAY PUBLISHING HOUSE CO., LTD.

图书在版编目（CIP）数据

儿童认知情绪管理：高情商养育的秘密/谢晓洁著 . —北京：
中国铁道出版社有限公司,2024.1
ISBN 978-7-113-30638-0

Ⅰ. ①儿…　Ⅱ. ①谢…　Ⅲ. ①情绪-自我控制-儿童教育-
家庭教育　Ⅳ. ①B842.6 ②G782

中国国家版本馆 CIP 数据核字（2023）第 200858 号

书　　名：儿童认知情绪管理：高情商养育的秘密
　　　　　ERTONG RENZHI QINGXU GUANLI：GAOQINGSHANG YANGYU DE MIMI
作　　者：谢晓洁

责任编辑：巨　凤　　　　编辑部电话：(010) 83545974
编辑助理：刘朱千吉
封面设计：仙　境
责任校对：刘　畅
责任印制：赵星辰

出版发行：中国铁道出版社有限公司（100054,北京市西城区右安门西街 8 号）
印　　刷：天津嘉恒印务有限公司
版　　次：2024 年 1 月第 1 版　2024 年 1 月第 1 次印刷
开　　本：880 mm×1 230 mm 1/32　印张：7.5　字数：240 千
书　　号：ISBN 978-7-113-30638-0
定　　价：69.00 元

版权所有　侵权必究

凡购买铁道版图书,如有印制质量问题,请与本社读者服务部联系调换。电话:(010)51873174
打击盗版举报电话:(010)63549461

前 言

对于大多数父母来说，如何培养孩子的情商，是一件比较难的事情，甚至有些父母感叹道："我自己情商都不高，哪能教孩子啊？"

所以不少父母寄希望于学校能教，或者去专业机构学习。可是学校毕竟是以升学率为主，侧重学科教育，而如果去专业情商机构，还需要有专业的情商老师才可以。

情商教育属于心理学范畴，而心理学老师需要具备非常专业扎实的知识和授课能力才能上岗，绝对不是经过几天培训就能上课的。如果情商老师不专业，伤害的有可能是孩子的心理健康。

孩子情商培养的第一个关键期——2～6岁，这期间孩子每天长时间待在家里，家庭是他们的"情商学校"，而父母就是孩子最好的"情商教练"。在父母的陪伴下，孩子学会了自信、学会了独立、学会了管理情绪、学会了处理人际矛盾，等等。

所以，每位父母需要学会如何在家庭中培养孩子的情商能力。这本书我们将EQKID的两套课程体系（"儿童情商12项能力"和"父母情商12项能力"）的精华进行了提炼，从教育目标、教育认知和教育能力三大体系（涵盖六项能力：自信心、独立性、情绪管理、同理心、人际交往和抗挫折）全面讲解，设计了一套家庭情商培养模型，如下图所示。

家庭情商培养模型

　　这样，父母在家庭生活中通过生动有趣的"儿童情商故事"和"亲子情商游戏"就可以塑造孩子的情商认知，建立情商行为模式，同时通过"亲子情商家庭教育策略"和"情商工具技巧"解决育儿问题。

　　这些情商技巧同样也适用于成人的工作中，只需要稍微调整一下注意事项即可。这样，不仅大人的情商能力得到提高，孩子也提高了情商能力，大人成为孩子当之无愧的"情商教练"！

　　愿父母们和孩子们一起学习，一起成长，一起成为高情商父母和高情商宝贝。

　　希望通过对本书的学习，能够让父母和孩子共同成长为"情商高手"。

目 录

i

第三章

情绪管理能力——当情绪来敲门，不要怕哦

第四章

独立性——做一个不向生活妥协的孤勇者

第五章

同理心——每个孩子的内心都有一颗温暖的种子

第六章

人际交往能力——社交商，成为人见人爱的孩子王

第七章

挫折抵抗能力——失败了，也没关系

第一章

父母是孩子最好的情商教练

父母在养育孩子的过程中，可能会遇到下面的一些问题，如下图所示。

孩子总爱哭怎么办？

孩子不自信怎么办？

孩子脾气差怎么办？

孩子和小朋友玩总爱吵架、打架怎么办？

孩子受不了批评，内心很脆弱怎么办？

孩子遇到困难就放弃怎么办？

孩子不爱学习，写作业拖拉怎么办？

孩子青春期无法沟通怎么办？

每位父母都希望自己培养的孩子更优秀、更快乐，也看到了情商是决定孩子未来的一项基础能力。

可是，很多父母都会发出所谓的"灵魂三问"（见下图）：

灵 魂 三 问

什么是情商？

情商能教会吗？

我自己情商不高，怎么教得了孩子？

接下来，我们就逐一进行讲解。

▌第一节　什么是情商

什么是情商？为人处世？做人态度？软实力？综合素质？性格特点？

好像是，但也不对。让我们先来看一组情商小知识。

情商小知识

EQ情绪商数（emotional quotient），指用来测定人的情绪及其变化的商数。

EI情绪智慧（emotional intelligence），指人面对情绪问题及其变化的认知的强项。

EIQ情绪智力商数（emotional intelligence quotient），相对IQ而言，指对情绪的认知及掌控情绪的能力高低。

1990 年，美国耶鲁大学心理学家彼得·塞拉维和新罕布什尔大学的约翰·梅耶首次提出"情绪智力"的概念。

1995 年，哈佛大学的丹尼尔·戈尔曼教授的《情商：为什么情商比智商更重要》出版，书中强调"我认为用'情智'（EI）作为情绪智力的简称比用情商（EQ）更为准确"。

戈尔曼教授将"情绪智力"从学术研究和高尖象牙塔理论，落地到普通生活学习工作中，让理论知识真正帮助到人们。

"情商""EQ"是我们的日常用语，大众叫法。戈尔曼教授提出了情商的五大能力，如下图所示。

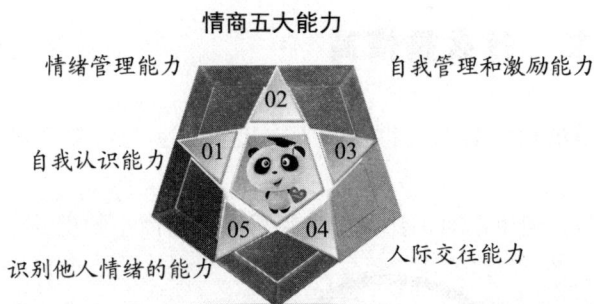

情商五大能力

情绪管理能力　　　　　　自我管理和激励能力

自我认识能力　01　　03

　　　　　　05　　04

识别他人情绪的能力　　　人际交往能力

我基于近十年的儿童情商教育实战研究，并在国际社会心理学家和情商专家对情商的研究模型的基础上，将情商细分为 12 项能力：自信心、同理心、责任心、专注力、创造力、领导力、人际交往、情绪管理、挫折抵抗、问题解决、独立性、感恩，如下图所示。

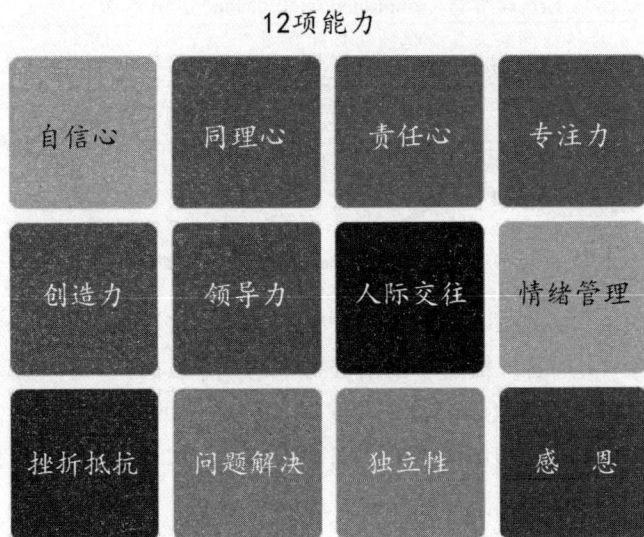

12项能力

自信心	同理心	责任心	专注力
创造力	领导力	人际交往	情绪管理
挫折抵抗	问题解决	独立性	感　恩

▌第二节　情商能教会吗

有的人问，情商真的能教会吗？对于这个问题，我们先来介绍一下 SEL 计划。

SEL 计划（social and emotional learning，社交与情绪学习），由国际性机构 CASEL 在 1994 年确定，目标是把 SEL 推广作为从幼儿园到高中教育的必修课程，要求不同年级的孩子达成不同的情商学习目标（见下图）。

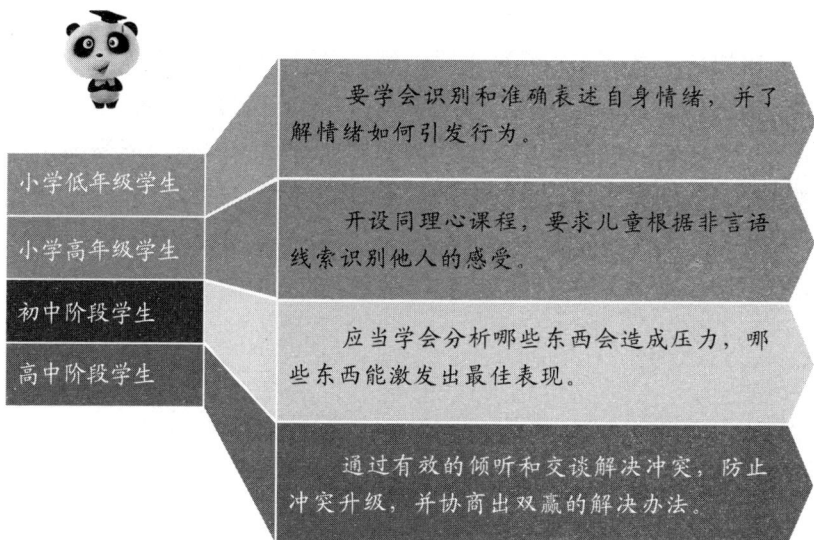

小学低年级学生	要学会识别和准确表述自身情绪，并了解情绪如何引发行为。
小学高年级学生	开设同理心课程，要求儿童根据非言语线索识别他人的感受。
初中阶段学生	应当学会分析哪些东西会造成压力，哪些东西能激发出最佳表现。
高中阶段学生	通过有效的倾听和交谈解决冲突，防止冲突升级，并协商出双赢的解决办法。

27%
违纪行为 ↓

28%
不良行为 ↓

50%
学习成绩 ↑

38%
学生平均
学分绩点 ↑

63%
积极行为 ↑

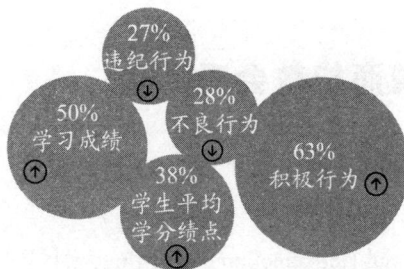

经过训练之后，研究人员分析出数据变化，参加过 SEL 计划的学生分别发生了如下图的改变。

由此可见，情商能力是可以通过培养得到有效提升的，背后的科学原理是重新塑造大脑发育中的神经回路，建立新的认知模式和行为模式。

比如孩子之前一生气就大哭大闹，通过学习情绪管理后，生气的时候会用语言告诉妈妈"我很生气"，然后通过深呼吸、气球操、情绪垃圾桶来舒缓情绪，继而再与妈妈商量解决问题。而当孩子发现这样的表达方式让自己更舒服，而且能够更好地解决问题时，他们会不断运用，行为得以强化并成为固定模式，好习惯也就养成了。

综上所述，情商是能够培养的，而且需要在孩子成长的关键期进行培养。

▌第三节 情商培养的关键期

情商培养的关键期是指，在大脑快速发育的阶段，培养孩子的情商能力可以起到事半功倍的效果，相当于顺流而行。

相关科学研究表明，2～6岁是孩子脑细胞连接成网络的关键期，也是语言和认知发育的黄金期，我们称其为"生命的陶泥期"。孩子的可塑性非常强，你会发现他们学什么都很快，还有很多让你惊喜的"才艺"，你会感觉孩子都是"天才"。孩子在这个阶段也在学习和他人相处、和世界相处，学习黑白是非、善恶对错，所以这一阶段将决定孩子以后人生85%～95%的性格和信念价值观。

7～12岁是脑神经元连接的另一个黄金期，孩子开始面临新的学习生活模式，其行为模式、思维模式、性格会在这一个阶段得到强化。

以上是孩子情商培养的两个关键阶段，这两个阶段的孩子就像一张白纸，父母要把握住机会绘出美丽画卷，如果错过了，孩子养成了很多不好的行为和习惯，就像纸上有了大片污渍，想要重新绘画，谈何容易。

所以，父母们一定要把握孩子的成长关键期，培养孩子的高情商。

情商小知识

英国：部分地区自小学开始便开设情感教育课，当地政府投入大量资源，制订明确方案，推动社会情绪能力发展计划落地。

新加坡：2006年开始，新加坡教育部正式在新加坡各学校推行SEL计划。

加拿大：教育部门发布了从幼儿园到十年级的"社会责任标准"，强调在所有的课程中融入社会责任标准，使其成为学校教学实践的一个重要组成部分。

美国：通过立法支持情商课程的实施，2004年以来，伊利诺伊州、纽约州、密歇根州等陆续通过立法确定情商课程为学校必修课程。

第二章

关键能力训练
——你的自信，所向披靡

▌第一节　认识自信

1. 你以为的自信，并不一定是真正的自信

自信对一个人的重要性不言而喻，尤其对孩子来说。那么，什么才是真正的自信呢？站在台上侃侃而谈？在众人面前能歌善舞？……

这些都是自信的表现，但问题来了：一个在台上侃侃而谈的人，下台之后，在生活中面对他人时，却表现得紧张害羞，那这个人是自信的人吗？答案是否定的，这种自信并不能称为真正的自信。

那么，对于孩子来说，什么是真正的自信呢？简单来说，就是孩子接纳并喜欢自己，认可自己，相信自己可以做到的一种心理状态！而培养孩子自信，就是建立孩子这一心理状态的过程，非一朝一夕可以完成，要贯穿孩子整个成长周期。

2. 建立自信的三要素

请看下面这个案例。

> **案例**
>
> 多多是一个 5 岁的小姑娘，说话声音比较小，平时见到陌生人不敢打招呼。她的妈妈觉得她胆子太小了，也不够自信，想要给她报舞蹈班学习舞蹈，然后参加比赛，希望能够增加她的自信心。但是邻居贝贝妈建议让多多报名小主持人班，说自己的儿子以前也是说话声音小，但是现在站在台上讲话的样子，别提多自信了。
>
> 多多妈既心动又苦恼，她不知道多多是否喜欢，也不知道这个方法适不适合自己的孩子。

很多父母也有类似的苦恼，给孩子报跳舞班、唱歌班、小主持人班，甚至鼓励孩子去攀岩、走绳索，但是不知道是否有效果，到底能不能提高孩子的自信心呢？

客观来说，这些兴趣班的确有一些效果，但也不绝对。因为效果的产生，并不是选择哪个兴趣班的原因，而是这个过程满足了培养孩子自信心的三个重要因素，如下图所示。

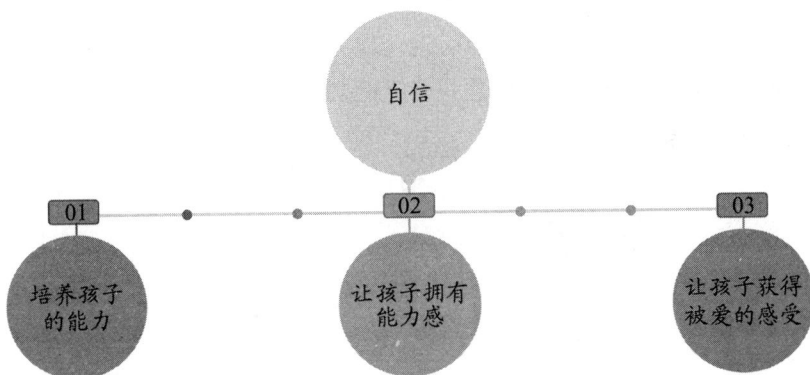

（1）培养孩子的能力

能力不是非要能歌善舞，也不是掌握多少技能，而是从孩子能处理的小事开始，比如会拿勺子、会系扣子、会画一幅画、会背一首诗、会解一道题……只要是孩子独立做成的事情，都是能力的提高。

而能力的提高，就会带来自信。回想一下，孩子小的时候，自己穿好一件衣服，是不是迫不及待地跑到你面前，仰着小脸和你说："妈妈，你看，我自己把衣服穿好了。"

孩子的小脸上写满了骄傲和得意，这个时候，就是孩子自信满满的状态。

因此，能力是孩子自信的基础。

（2）让孩子拥有能力感

能力和能力感有何区别？这里举个简单的例子：

11

上学的时候，老师一提问，有些同学的手会举得高高的，甚至急不可耐地想站起来回答问题；而有些同学就使劲把头往下压，恨不得把头低到课桌底下，或者假装很忙地翻书写字，就是不想让老师看到他。老师经验丰富，秒懂学生们的小心思，谁头压得最低，就喜欢点谁的名。但有趣的是，有些同学却回答得不错。

那么问题来了，他明明能回答得很好，为什么不敢举手回答问题呢？这就是能力和能力感的区别。

我能回答，是代表我本身有这个能力；我不敢回答，是不知道能不能回答好。因此能力感就是我确定能胜任这件事，我能做好。如下图所示。

能力：我能做好这件事

能力感：我知道自己能做好这件事

因此，如果孩子不敢做某件事，父母就不要着急推着他去做，要先判断，孩子是缺少能力感还是缺少能力，进而有针对性地解决。

如果他明明能做好，却不敢去做，这就是缺少能力感，此时就需要父母去推动、鼓励他去做好，父母的推动和鼓励就是在提高孩子的自信。

但是，如果孩子不具备这个能力，父母就不能强推了，强推会起到适得其反的效果，陷入恶性循环，如下图所示。

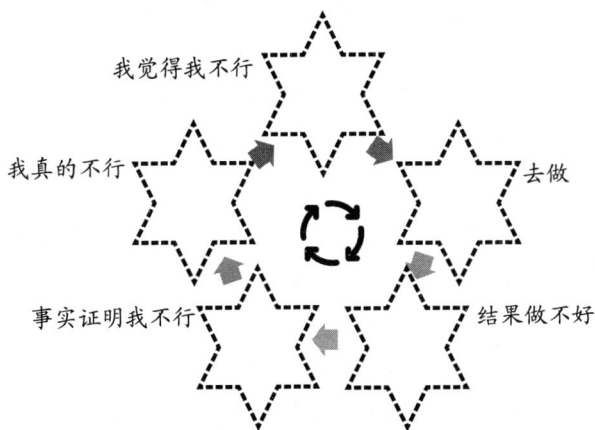

我觉得我不行

我真的不行

去做

事实证明我不行

结果做不好

一旦陷入恶性循环的怪圈，孩子就会越来越不自信。

（3）让孩子获得被爱的感受

来看下图中的这两个场景。

> **案例**
>
> 场景一：
>
> 　　5岁的豆豆画好了一幅画，兴冲冲地拿去给妈妈看，边跑边喊："妈妈，妈妈，你看，我画了一个绿色的太阳。"
>
> 　　妈妈回应："啊，太阳怎么会有绿色的，乱画，去去去，重新画一幅。"
>
> 场景二：
>
> 　　6岁的多多趁妈妈午睡的时候，站在厨房的小椅子上，把晚上要吃的青菜洗了一遍，等妈妈起床后，她一脸高兴地说："妈妈，我把晚上要吃的青菜洗了。"妈妈到厨房一看，地板上洒了很多水，整棵白菜有一半扔进了垃圾桶。
>
> 　　妈妈回应："你一个人在厨房多不安全！看你干的好事！地上弄满了水，我还得擦。好好的一棵白菜，被你扔了一半，晚上吃什么？"

　　如果你是豆豆和多多，面对妈妈的回应，你的心情如何？你觉得自己能做好事情吗？成年人面对否定时，很容易自我怀疑、自我贬低，更何况一个心智尚在发育的孩子，哪里扛得住这样的打击。

孩子需要有人来爱他，来告诉他——他的存在是有意义和价值的，继而把这份价值内化成自己的认识，也就是认为自己是有价值的、有用的，从而产生自我价值感，自信也就随之而来。

而在外界这些人中，最重要的就是父母！父母是孩子生命中最重要的人，在孩子 6 岁以前，父母就是孩子的全世界。孩子没办法通过严厉的否定解读出父母的关爱，而能够读懂的爱，通常是以更直接的形式呈现的，比如微笑、赞美、接纳、肯定。

这份直接明了的爱，就是自信心建立的坚固基石，不断地滋养着他们的心灵，让他们更有力量和勇气，来面对生命的风风雨雨。

所以，爱孩子，不要迂回，不要含蓄，请直接地告诉他。一个得到很多爱和肯定的孩子，更容易成长为一个自信的孩子。

🔬 脑图复盘

下图是孩子建立自信的过程，不断尝试，不断成功，不断寻求新的挑战，从而形成良性循环，如下图所示。

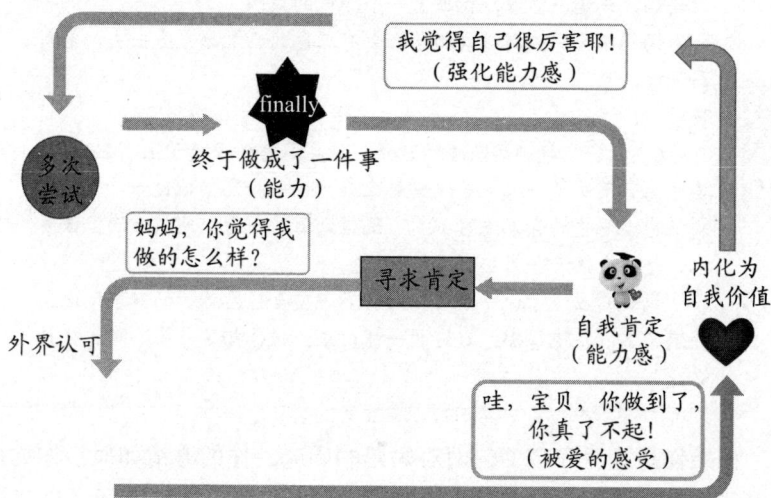

我觉得自己很厉害耶！（强化能力感）

finally

终于做成了一件事（能力）

多次尝试

妈妈，你觉得我做的怎么样？

寻求肯定

内化为自我价值

自我肯定（能力感）

外界认可

哇，宝贝，你做到了，你真了不起！（被爱的感受）

第二节　我爱我自己

> 有信心的人，可以化渺小为伟大，化平庸为神奇。
>
> ——萧伯纳

情商信念　——　我爱我自己

儿童情商故事

Lucky 熊的黑眼圈

美术课上，袋鼠老师给每个小动物发了一面镜子，说："你们先看看镜子里面的自己，然后把自己画下来，画完之后就把画贴在墙上吧。"

没等袋鼠老师说完，小动物们就高兴极了，拿着镜子左看看右看看，摸摸自己的脸，捏捏自己的鼻子。

很快，小花猫就画好了，画纸上画的是长着黄白花纹的小猫咪。

羞羞兔也画好了，她高高地举起了手，一蹦一跳地把画贴在了墙上。哇，画纸上是一只有着长长耳朵的兔子。

很快，墙上又贴上了长着弯弯的角的小山羊，有着长长鼻子的小象，还有整天背着壳的小乌龟。

小动物们挤在一起，你一言我一语地说着话。

"我最喜欢我的长耳朵了，只要我一跳，它们就会跟着一起跳舞，可好看了。"说完，羞羞兔就开始跳起来了，两只耳朵又白又长，就像两只大蝴蝶在飞一样，真好看。

小象皮皮也摸着自己的长鼻子说："我最喜欢我的长鼻子，弯弯的，还可以喷水。"说完，他吸了一点水向上喷去，就像喷泉一样，引得其他小动物羡慕极了。

不一会，喷完水的小象皮皮用鼻子卷住站在旁边的 Lucky 熊，问："Lucky 熊，你最喜欢自己的哪个部位啊？"

"我，我，我喜欢……" Lucky 熊看着自己的画，挠挠头，又摸摸自己胖乎乎的肚子，不知道喜欢哪里。

"我知道。"小花猫挤到 Lucky 熊面前说："他一定最喜欢自己的眼睛啦！两个黑眼圈，就像被人打了一样。哈哈哈哈。"说完，小花猫捂着自己的眼睛，夸张地说："啊，啊，我的眼睛，好痛啊！"

这么说可不得了了，其他小动物也都哈哈大笑起来，指着 Lucky 熊说："哈哈，Lucky 熊的眼睛是被打黑的！"

Lucky 熊气坏了，把自己的画从墙上撕了下来。

回到家里，Lucky 熊对着镜子照了又照，可是不管怎么照，眼圈也是黑黑的。他难过地哭了起来，眼泪哗哗哗地往下流，可是也不能把眼圈洗成白色的。他又拿来粉笔，把眼圈涂成白色的，可是稍微一动，粉笔灰就掉下来了，眼圈还是黑的。

他难过极了，趴在桌子上不说话。

艾维尼妈妈过来了，她轻轻地抱着 Lucky 熊，说："Lucky 熊的黑眼圈是最特别的，就像戴了墨镜一样。狐狸叔叔想要戴墨镜，必须要跑去隔壁镇才能买到呢。你可不需要，每天都戴着墨镜，多酷呀。"

"真的吗？" Lucky 熊抬起泪汪汪的眼睛看着妈妈。

"当然啦！因为你是 Lucky 熊啊，独一无二的 Lucky 熊。所以你有着和别人不一样的眼睛、不一样的皮肤和不一样的黑眼圈。"

"真的吗？" Lucky 熊看看镜子里的黑眼圈，真的像墨镜一样。

第二天刚到教室，小花猫就来到 Lucky 熊跟前，拉着他的手说："对不起，Lucky 熊，我不应该说你的。我身上也是五颜六色的，可是你也没有嘲笑我。"

Lucky 熊摇摇头，说："没关系，小花猫。妈妈说，我们每个人都是不一样的，有着不一样的眼睛，不一样的鼻子，还有不一样的眼圈。我喜欢我的黑眼圈，因为我是独一无二的。这就是我，我爱我自己！"

说完，Lucky 熊就拉着小花猫，两个小伙伴又一起开开心心地玩起了游戏。

亲子情商讨论

请父母带着小朋友一起讨论以下问题：

➤ 小花猫、羞羞兔、小象皮皮有什么特点呢？

➤ Lucky熊刚开始为什么不开心呢？

➤ Lucky熊刚开始喜欢自己的黑眼圈吗？

➤ 后来为什么又喜欢了呢？

➤ 小朋友，你最喜欢身体的哪个部位呢？为什么？

小提示

作为父母，您应当经常和孩子阅读此类故事，当孩子熟悉故事内容时，您就可以尝试在"教学契机"（心理学家布罗非提出的认知心理学术语，指未经事先计划而出现的，学习者非常愿意接受教育的时刻）出现时，将本故事中涉及"我爱我自己"的情商信念传递给孩子。此外，您可以通过下面的"亲子情商游戏"及"亲子情商家庭教育策略"来强化孩子的自我价值感，增强孩子的自信心。

亲子情商游戏 —— 我的自画像

我的自画像

1. 父母和孩子一起对着镜子画出自己的
自画像

2. 特点描述

注意：在此过程中，家长可以引导孩子发现自己与他人的不同，如"你的眼睛和妈妈有什么不一样""你的头发和爸爸有什么不一样"。

爸爸的特点：_____

妈妈的特点：_____

我 的 特点：_____

3. 说出最喜欢自己的地方及原因

注意：不要对孩子的答案予以评价，更不能否定，因为对自己的喜欢能增加孩子的自我认可程度，有利于自信的培养。

爸爸最喜欢自己（　　　），因为：_____

妈妈最喜欢自己（　　　），因为：_____

我最喜欢自己（　　　），因为：_____

亲子情商家庭教育策略

（1）引导孩子认识自己的外貌

怎样让别人在人群中一眼发现你？你又如何在一张照片中找到你自己？靠的就是我们的外貌。

外貌，就是"生理我"，最直接的"我"。自我认可，当然就需要认可自己的外貌。一个不接纳自己外貌的人，是很难建立起真正自信的。

而当孩子开始意识到镜子里的人就是自己时，便会慢慢关注自己的外貌，此时就容易受到外界审美标准的影响，如果孩子的外貌刚好与审美标准有差别时，很容易会产生外貌自卑。

外貌自卑的孩子，不敢把自己展示在人前，习惯性躲在人后。因此，想要变得自信，首先要接纳自己的外貌。

"我的自画像"这个亲子游戏，就是在引导孩子认识自己的外貌，认识自己与他人的不同，让孩子认识真实的自己，从而更好地接纳真实的自己。

> ➤宝贝，你看，你的眼睛和妈妈的眼睛是不一样的，有什么不一样呀？
> ➤你再看我们的头发都有什么不一样呀？
> ➤那我们的手有什么不一样呀？
> ➤ …………
>
> 情商语言
>
> （对着镜子）你看，这个是你，这个是我，因为你和妈妈是不一样的，所以我们有不一样的眼睛、不一样的鼻子、不一样的耳朵、不一样的嘴巴。（边说边指）
> 我们都是不一样的，这就是我，独一无二的我。

19

（2）表达对孩子外貌的喜欢

由于受到外界审美标准的影响，孩子或多或少会自我怀疑，于是向父母寻求认可，这时父母就容易走入一个误区，不符合实际地赞美孩子的外貌，"你是世界上最漂亮的孩子"。这确实也是很多父母的心声，"自己的孩子就是最好看的"。

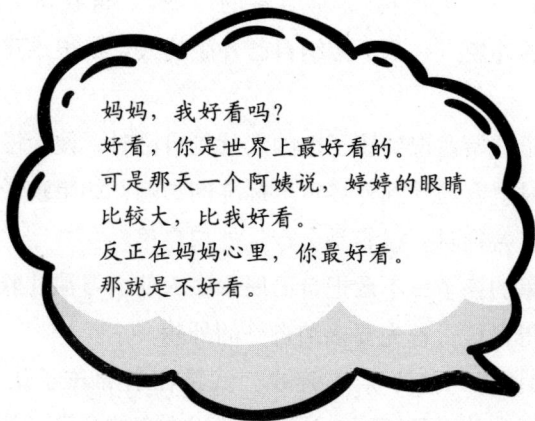

> 妈妈，我好看吗？
> 好看，你是世界上最好看的。
> 可是那天一个阿姨说，婷婷的眼睛
> 比较大，比我好看。
> 反正在妈妈心里，你最好看。
> 那就是不好看。

然而，孩子小一点还受用，但是大一些的时候，他们会认为父母是在敷衍，所以父母要学会运用具体化的表达方式。让我们来看下面这个案例。

> **案例**
>
> 我有一位学员，是个小姑娘，眼睛小小的，笑起来很可爱。但是她觉得小眼睛不好看，画自画像的时候，眼睛那里都只画一条线。妈妈总是和她说"你很漂亮啊"，但一点也安慰不了孩子。我在上"我爱我自己"这堂课的时候，拿着小姑娘的画像，是这么夸她的："老师很喜欢你的眼睛，因为它们像月牙一样，笑起来弯弯的，特别好看。"
>
> 那一刻，孩子的眼睛在发光，小脸蛋红扑扑的，整节课都在笑。下课后，她扑在妈妈怀里，说："妈妈，我好喜欢我的眼睛呀，它们是月牙，小小的弯弯的。"

父母可以用情商技巧"外貌赞美三步曲"把孩子的外貌和美好

事物联系起来，这样孩子就会对自己的外貌产生喜欢和认可，而且会感受到父母浓浓的爱和接纳，这份爱就能给孩子内心增加力量，如下图所示。

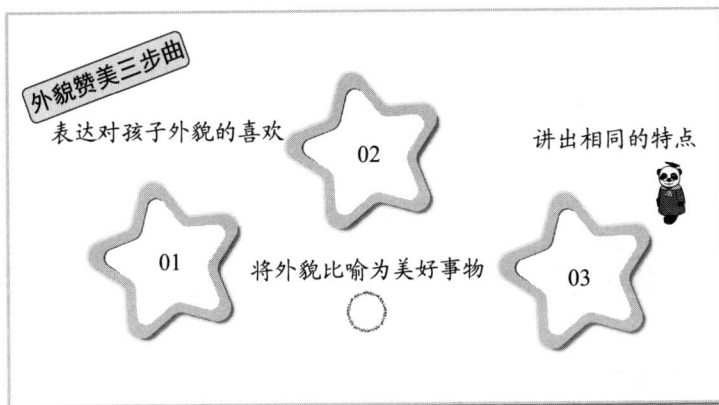

外貌赞美三步曲

表达对孩子外貌的喜欢

01

将外貌比喻为美好事物

02

讲出相同的特点

03

情商语言

➤ 妈妈喜欢你的皮肤，就像巧克力，黑黑的很好看。

➤ 妈妈喜欢你的牙齿，就像小贝壳，小小的、亮亮的，很好看。

➤ 妈妈喜欢你的笑容，就像太阳一样，看着好温暖。

注意：比喻的时候要找到美好事物，找到美好的特点。

21

▍第三节　我是独一无二的

> 记住，你是世上独一无二的。
>
> ——戴尔·卡耐基

情商信念 —— 我是独一无二的

儿童情商故事

奇怪的作业

今天，袋鼠老师布置了一个奇怪的作业——做一幅"班级脸谱"，让小动物们第二天都带一张照片过来。

什么是"班级脸谱"啊？小动物的脸上都写满了问号。

Lucky 熊回到家，把所有的相册都找出来。他要找一张最好看的照片，挑了好久，终于找了一张戴帽子的照片，满意极了。

第二天上课，袋鼠老师拿来了一张很大的照片，说："来，把你们的照片都贴在这张照片上面来。但是一个人只能选择一个位置。来，羞羞兔你先过来贴。"

这就是"班级脸谱"吗？小动物们好奇极了。

羞羞兔把照片贴在了左耳朵上，边贴边说："我也有长长的耳朵，所以我要贴在耳朵上。"

袋鼠老师笑眯眯地说："好的，接下来，Lucky 熊和小花猫，你们一起来吧。"

啪，这两个小家伙一起把照片都贴在了左眼睛上。

"我先看到的。"小花猫大声地说。

"我先贴上的。"Lucky 熊也抬起头说，"我的眼睛像戴了墨镜一样很特别，所以要贴在眼睛上。"

"不行，我就要贴在这里，妈妈说，我的眼睛像绿宝石，亮亮的很好看。"小花猫着急地喊着。

袋鼠老师赶紧把他们拉开，说："你们都想贴在眼睛上，那我们有多少只眼睛啊？"

Lucky 熊歪着脑袋想了一会，咧开嘴笑了："那我贴在右眼睛上吧！"

小花猫也不好意思地挠挠脑袋，说："那我贴在左眼睛上吧。"

"看，我们都是不一样的。现在你是左眼睛，我是右眼睛了。"Lucky 熊开心地说。

接下来，小狗汪汪把照片贴了鼻子上，小花猪把照片贴在了嘴巴上，很快就贴满了。

袋鼠老师又笑眯眯地说："同学们，我们有几只左眼睛啊？"

"一只。"

"那现在你们把左眼睛捂住，看东西还清楚吗？"

"不清楚。"

"那我们有几只右眼睛啊？"

"一只。"

"那现在你们把右眼睛捂住，看东西还清楚吗？"

"不清楚。"

"有几个嘴巴啊？"

"一个。"

"那现在你们把嘴巴捂住，还可以说话吗？"

教室里到处都是唔唔唔的声音，像蜜蜂一样。

"Lucky 熊，你代表了我们班的右眼睛，只有一只右眼睛，所以你是独一无二的，你很重要，你不可以缺少！"Lucky 熊真的觉得自己很重要了。

"小花猫，你代表了我们班的左眼睛，只有一只左眼睛，所以你也是独一无二的，你很重要，你也不可以缺少！"小花猫也觉得自己很重要了。

"小伙伴们，你们都是独一无二的，不可缺少。"

小动物们都感觉自己特别重要，哈哈大笑了起来！

笑声传遍了森林，太阳公公也觉得自己是独一无二的，也很重要，不可以缺少。

亲子情商讨论

请父母带着小朋友一起讨论以下问题：

➤ Lucky熊的照片贴在哪里了呢？为什么？

➤ 小花猫的照片贴在哪里了呢？为什么？

➤ 为什么Lucky熊觉得自己很重要？

➤ 为什么小花猫也觉得自己很重要？

亲子情商游戏 —— 家庭脸谱

游戏规则：

- 打印 Lucky 熊头像作为家庭脸谱模板，同时准备出自己的相片。
- 每个家庭成员选择 lucky 熊的一个部位代表自己（每个人都只能选择一个位置）。
- 将自己的照片贴上去。

注意：贴的同时父母要进行语言引导，将家庭成员和对应部位结合起来，形成具象概念，每个家庭成员都是独一无二的存在。如下图所示。

"Lucky 熊有多少只左眼呀？没错，一只，爸爸选择了左眼睛，所以他代表我们家的左眼睛，他是独一无二的左眼睛哦。"

小提示

做这个游戏的目的是让孩子感受到身体部位缺失带来的不便。从父母开始，依次进行缺失体验，着重让孩子体验到自己所代表身体部位的缺失，从而更好地理解身体部位的重要性，进一步意识到自己的重要性，不可或缺。

"如果妈妈代表的右眼睛不在了，会发生什么事情呢？捂住右眼睛，你看得清楚吗？"

亲子情商家庭教育策略

（1）让孩子感受到自身的重要性（见下图）

妈妈，我是从哪里来的啊？

垃圾桶捡的。
超市买一送一来的。
充话费送的。
…………

是不是很多父母都干过这样的事情，看着孩子委屈巴巴的样子，自己却笑得前仰后合，觉得孩子太萌了。然而，对于孩子来说，你的答案却一点都不好笑。

在孩子的思维里，他们会认为自己是可有可无的，这样说会严重伤害孩子的自我价值感。一旦孩子认为自己并不珍贵，就不会自尊自爱，那何来的自信心？所以父母一定要让孩子意识到，他们是上天赐予的珍贵礼物，是独一无二的。下图为情商教育的小技巧。

情商小技巧

01
给孩子讲讲你和爱人是如何相识、相爱再到结婚的。

03
给孩子讲讲，他/她出生的那天，全家人是多么地激动。

02
给孩子讲讲怀胎十月都发生了哪些故事。

04
给孩子讲讲，父母认为幸福的事情。

（2）为孩子打造一个"黄金时间"

对于独生子女来说，比较容易获得"独一无二"的感受。但对于多子女家庭来说，父母的精力很难均匀分配，就可能会出现某个孩子感觉自己受到了冷落和忽视，觉得自己不被关注了。

我有一名 8 岁的学员，男孩，他的弟弟刚刚 2 岁，需要妈妈花更多的心思照顾，因此忽视了对他的关注。他认为妈妈有了弟弟就不爱他了，因而对弟弟充满了敌意，经常趁妈妈不在家把弟弟吓得哇哇大哭。

这个案例中的男孩感觉自己受到了冷落，想要重新得到父母的重视和关注，就做出了一些不太好的行为，这时父母可以用情商技巧"黄金时间四要素"，让孩子知道：即使有其他人，自己在妈妈爸爸心中，也是独一无二的，如下图所示。

黄金时间四要素

01 每周固定一次
时间尽可能固定不变，让孩子对此形成期待。

02 以孩子的想法为主
黄金时间陪伴的目的是为了让孩子开心，主题要以孩子的想法为主。

03 只和一个孩子相处
每次只和一个孩子在一起，可以是"爸爸和哥哥的黄金时间""妈妈和弟弟的黄金时间"……

只做开心的事

04

一定要避免陷入一个误区，就是好不容易和孩子单独相处了，借此机会好好教育一下。

黄金时间是用来培养亲子关系的，只做让孩子高兴的事情，创造属于你们两个人的美好回忆。

对孩子来说，这段"黄金时间"将成为生命中一段特别的经历，在孩子心中，父母只陪伴孩子一个人，说明孩子在父母心中是很特殊的、很重要的，这会让孩子形成良好的心理感受，也就是被爱的感受！

一个感受到深深爱意的孩子，会更珍惜和爱护自己，变得自爱、自尊、自信、自强。

第四节　我喜欢我坚持

> 劳动使人建立起对自己的理智力量的信心。
>
> ——高尔基

情商信念 —— 我喜欢我坚持

儿童情商故事

羞羞兔不开心

只要羞羞兔的耳朵软软地垂下来，Lucky 熊就知道她不开心了。

放学后，Lucky 熊来到羞羞兔家里。

天啊，怎么乱糟糟的啊。碗、勺子、锅都在地上放着，还有一根大大的胡萝卜躺在床上。

原来，这几天羞羞兔喜欢上了做蛋糕，她想做一个美味的胡萝卜蛋糕。可是，她做了好多次都失败了，羞羞兔觉得自己差劲极了，什么事都做不好。

Lucky 熊也开始发愁了，他也不会做蛋糕呀，这可怎么帮助羞羞兔呀？

晚上，Lucky 熊回到家后问："艾维尼妈妈，你说，我要做点什么才可以帮到羞羞兔呢？"

艾维尼妈妈摸着 Lucky 熊的头说："你不是也有做不好的事情吗？"

Lucky 熊想了一会，不好意思地笑了。

两个月前，Lucky 熊喜欢上了设计衣服，让小狮子穿上自己设计的衣服在森林里走了一圈，可是大家说小狮子像穿着小丑衣服一样，小狮子听后生气极了。

之后，Lucky 熊又设计了一件衣服让小猴跳跳穿，谁知道在小猴子爬树的时候，衣服一下子就扯开了，害得他被大家笑了好久，小猴跳跳气得一个星期没有和 Lucky 熊说话。

一个月前，Lucky 熊又喜欢上了剪头发，把艾维尼妈妈的头发剪得像鸟窝一样，还把小公鸡美丽的羽毛也剪光了，于是大家把他的剪刀藏了起来。

"想起来了吧。可是为什么你还是一直这么开心啊？还会一直尝试做不一样的事情呢？"艾维尼妈妈笑眯眯地问。

"哦，我知道了！"Lucky 熊一下子跑到房间里，拿出了一个罐子。

"因为我有个秘密武器！我有自信罐！所以我相信我是可以做好很多事情的，这件事情没做好，我可以继续努力，或者尝试别的呀。噢，我想到了，我可以帮羞羞兔也做一个自信罐！"Lucky 熊高兴地跳了起来，一下子冲出了家门。

他找到了小狮子、小猴子、小狐狸、小狗……

第二天，Lucky 熊一大早就来到了教室，把自信罐放在羞羞兔的桌子上。

不一会儿，羞羞兔垂着耳朵进来了。

她好奇地看着自信罐，把它打开，拿出好多纸条，一张一张地读着。

这一张是小狮子写的，他说：羞羞兔种的胡萝卜是最新鲜的！

下一张是小猴跳跳写的，他说：羞羞兔很细心，经常照顾其他小伙伴。

还有小花猫写的，他说：羞羞兔唱歌的声音很好听，我最喜欢听他唱歌了。

看着看着，羞羞兔的耳朵慢慢地抬起来了，小嘴巴咧开了，脸上挂着大大的笑容。

Lucky熊也高兴极了。

羞羞兔后来知道了这一切都是Lucky熊的主意。于是第二天的晚上，小兔子端着一个刚烤好的胡萝卜蛋糕来到Lucky熊家里。

"谢谢你，Lucky熊，原来我能做这么多事情啊！原来我不是什么都不会做、什么都做不好！这是我新做的胡萝卜蛋糕，请你尝尝吧！"

Lucky熊很高兴地尝了一口，然后，他的眉毛挤在了一起。

好咸好咸，Lucky熊喝了好大一杯水。

羞羞兔看到Lucky熊的表情后，耳朵又开始往下垂了。

Lucky熊拍拍羞羞兔的肩膀说："没关系，我们一起做吧！只要喜欢这件事，坚持下去，就可以做好了！"

"好！"

一周后，Lucky熊和羞羞兔做的胡萝卜蜂蜜蛋糕，成了森林里最受欢迎的蛋糕，这真是太棒了。

亲子情商讨论

请父母带着小朋友一起讨论以下问题：

➢ 羞羞兔为什么不开心了呢？

➢ Lucky熊做不好什么事情呢？为什么他还要继续
尝试呢？

➢ Lucky熊送给羞羞兔什么礼物？

➢ 为什么羞羞兔又开心起来了？

➢ 羞羞兔最后为什么能做出美味的蛋糕了？

亲子情商游戏 —— 自信罐

游戏规则：

- 选择一个瓶子，和孩子一起设计自信罐（见下图）。
- 请家庭成员将孩子的优点和做得好的事情写或者画在纸条上，
  放在自信罐里。
- 让孩子自己数一数纸条的数量。
- 为孩子读每一张纸条的内容。

> Lucky熊，这是自信罐。

> 哇哦，妈妈，原来我有这么多优点呢！

> 接下来，我和妈妈会将你的优点写在纸条上，放进自信罐里。

> 宝贝，你去数一数纸条的数量。

> 妈妈将每一条优点读给你听。

注意：只要是父母认为孩子好的地方都可以写下来，不一定是大事或者明显的优点，可以持续写在纸条上，不断放进自信罐。

亲子情商家庭教育策略

（1）肯定孩子的兴趣，呵护他们的好奇心

> 案例
>
> 豆豆今年4岁，妈妈很烦恼，觉得他就像是书本上写的那只猴子，之前说喜欢画画，看到别人唱歌，他也要学唱歌。唱了没几天，看到别人练跆拳道，也吵着要去学习。刚学没几天，又闹着要学打鼓。这次妈妈说什么也不同意了，很生气地朝着他吼："你做什么都三分钟热度，一会要学这个，一会要学那个，最后啥也学不好！"

"三分钟热度"的现象，在孩子身上很常见，主要有以下三点原因（见下图）。

①孩子对世界充满了好奇
　　孩子正处于探索世界的阶段，一切对他们来说都是那么新鲜有趣。

②新鲜度减少
　　当孩子了解某件事之后，新鲜度减少，兴趣降低。

③难度增加
　　孩子在某件事投入的时间越多，事情的难度就会增加，父母投入的精力也会增加，要求自然就变多了，孩子会面对更多批评挑剔，而非赞美了。
　　事情的难度增加，批评也随之而来，孩子自然就会选择放弃转向新的尝试。如果多次放弃，孩子就会出现畏难情绪，认为自己没能力，变得自卑，陷入恶性循环。

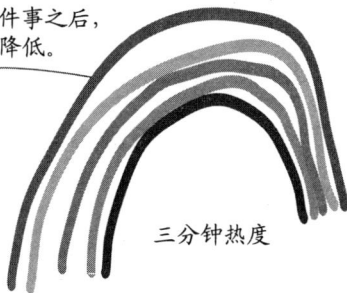

三分钟热度

综上所述，作为父母，一定要保护好孩子的兴趣和好奇心，这是他们愿意尝试的动力，只有敢于尝试，才有做好事情的可能，才能培养出能力，产生能力感。

> **情商语言**
> ➤ 呀，你喜欢做这件事啦，来，妈妈看看你做得怎么样？
> ➤ 哦，你想要这个新玩具啊，和妈妈说你为什么想要呀？
> ➤ 哇，这是一个新的尝试，我看看你是怎么做的？
> ➤ 嗯，这个想法很有意思，你再和妈妈讲讲吧。

（2）用好自信罐，能力感超强

能力感是一种感知，是对自己能力的评估，但是有些孩子因为一些性格特质，或者之前的经历，对自己的评估偏低，就会出现能力感不足。

父母可以通过用自信罐，利用具象化的呈现形式，让孩子通过别人的评价了解自己的能力，强化孩子的能力感。

自信罐四要素

自信罐四要素分别如下：

第一：只要是好的事情就可以写。

不要设限，除了孩子的优点和学习成绩之外，只要是孩子表现好的地方都可以写下来。自信罐的目的，是让孩子知道他做了哪些事情，他能做到哪些事情，把这些事件具体化，从而让孩子看到。

第二：让孩子自己计算纸条数量。

能力感是一种自我感知，别人告诉我的还不够，我要自己确认，因此要让孩子自己来数一数最近做了哪些事情，只数出纸条数量就好。

建议父母刚开始多写一些，不要少于 20 张纸条。我在线下上课的这个环节时，看到孩子们在数纸条的时候，纸条越数越多，眼睛越来越亮，那张小脸表现出来的自豪藏都藏不住。这就是孩子能力感的外显，他们发现原来自己做到了这么多事情，会觉得自己很厉害。

第三：把纸条内容大声读出来。

孩子首先需要父母的认可，再内化为自我认可，你可以大声地为孩子读出每张纸条的内容。我自己非常喜欢做这件事，看着有些小朋友略带羞涩的自豪表情，我会读得更大声。

第四：持续更新。

自信罐做完后，可以不断地更新，往里放新的纸条，之后父母可以每周和孩子一起打开看新纸条。特别是当孩子遇到难题想要退缩的时候，父母就可以和孩子一起打开自信罐，让他知道，他已经能做好这么多事情了，所以现在再尝试一下，再努力一下，像羞羞兔和Lucky熊一样，喜欢这件事并坚持做下去，也是有可能做到的。

1 只要是好的事情就可以写
　　永远不要给孩子的人生设限。

3 把纸条内容大声读出来
　　父母大声为孩子读出每张纸条的内容。

2 让孩子自己计算纸条数量
　　能力感是一种自我感知，让孩子自己确认。

4 持续更新
　　当孩子退缩时，和他们一起打开自信罐。

培养能力和提高能力感，这两点非常重要。当孩子发现自己可以做的事情越来越多时，对自己的积极评价便会随之增长，当他们在遇到新事物或新任务时，便会把这种能力感和信心进行迁移，不再因为怀疑自己的能力而退却回避，这时孩子表现出来的是充满激情、相信自己可以成功的精神面貌。这不就是自信吗?

第五节　你是你，我是我，我不和你比

> 攀比是偷走快乐的贼。
>
> ——西奥多·罗斯福

情商信念 —— 你是你，我是我，我不和你比

儿童情商故事

Lucky 熊比跳远

放学后，小动物们围在沙坑前看着羞羞兔跳远。

只见羞羞兔一蹦一跳，一下子就跳得好远，小伙伴们都惊讶地张大了嘴巴。

"这有什么，我跑步才快呢。"小狗汪汪扬起头，甩了下尾巴，呼呼地就跑了起来，不一会就看不到他了，只剩下操场扬起的灰尘。

"哇!"所有小动物的眼睛都瞪大了。

"那我还会唱歌呢，我唱歌可好听了。"小黄鹂扑扑翅膀，飞到树上，开始唱歌，好听极了。小伙伴们听得都入了迷。

"我还会爬树呢。"小猴跳跳噌噌噌地往树顶爬去，还用尾巴卷住树梢，倒挂着朝大家做鬼脸。

这下，小伙伴们都哈哈大笑起来。

"咦，那 Lucky 熊，你会什么呀?"小猴跳跳在树上朝 Lucky 熊喊。

"我……我会……" Lucky 熊挠挠脑袋，一时间想不出来。

"你会跳远吗？有我跳得远吗？咱们比一下！"羞羞兔又蹦了起来，忍不住又开始跳了。

"你会跑步吗？有我跑得快吗？咱们也比一下！"小狗汪汪已经跑了一圈，又准备跑第二圈了。

可还没等 Lucky 熊回答，小猴跳跳就哈哈大笑起来，说："Lucky 熊的腿那么短，怎么跳，怎么跑嘛！肯定比不过你们俩。哈哈哈！"

小伙伴们也都笑了。

Lucky 熊不高兴了，叉着腰说，"谁说我不会跑步、不会跳远，比就比，谁怕你们啊！哼。明天和你们比！"

说完，Lucky 熊背起书包，气鼓鼓地回家了。

可是刚回到家，Lucky 熊就后悔了。看看自己胖乎乎的肚子，短短的腿，这要怎么跳啊！

不行，不能让大家笑。Lucky 熊跑到花园里，开始练习跳远。

一二三，他铆足了劲，一蹦，稳稳落地。

Lucky 熊兴奋地回头一看。

啊，跳得还没有走一步的距离远呢！

不行，再来。

还是一样。

再来再来。

这次更近了，还没有前两次跳得远呢！

Lucky 熊一屁股坐在地上，像泄了气的皮球一样。

对了，练跑步。

于是 Lucky 熊迈开双腿跑了起来。

Lucky 熊一直跑到气喘吁吁后回头一看，啊，才这么点距离呀。

Lucky 熊累坏了，直接躺在地上大喘气。

刚好这时，艾维尼妈妈出来浇花，她看着躺在地上的 Lucky 熊，好奇地问怎么了。

Lucky 熊耷拉着脑袋，把事情告诉了妈妈。

"妈妈，我明天一定会输的，好丢脸呀。"

艾维尼妈妈把 Lucky 熊从地上拉起来，梳理着他一头乱糟糟的毛发，说："Lucky 熊，你和羞羞兔、小狗汪汪是一样的吗？"

"当然不一样啊。我们都是独一无二的。"Lucky 熊说。

"是啊，你们都是独一无二的，都是不一样的。既然不一样，那有什么好比较的呢？"艾维尼妈妈拍拍 Lucky 熊的脑袋说。

Lucky 熊歪着脑袋、瞪大眼睛看着妈妈，不一会，他就笑了起来，高兴地喊着："是呀，我们都是不一样的，有什么好比较的呢。"

第二天一大早，当 Lucky 熊来到操场的时候，就发现羞羞兔和小狗汪汪已经在沙坑前等他了，旁边还围着一群小伙伴，都等着看比赛呢。

Lucky 熊背着书包慢慢地走过去。

"Lucky 熊，你连走路都这么慢，能跑得过小狗汪汪吗？"小猴跳跳又笑着对 Lucky 熊说。

"我不和他们比了！"Lucky 熊带着大笑脸说。

"啊，为什么啊？"小猴跳跳愣了一下，但很快就拍着手说，"我知道了，你一定是怕输了。哈哈哈，你这小短腿，哪能跳远和跑步。"

小伙伴们也都笑了起来。

Lucky 熊不慌不忙地问："那小猴跳跳，如果你去和小黄鹂比唱歌，你能唱得赢吗？"

"这……"小猴跳跳被问住了，不知道怎么回答。

"或者让你去和小鱼比游泳，你能赢吗？"Lucky 熊接着又问。

"我……我又不是鱼，怎么游。"小猴跳跳涨红了脸，气鼓鼓地说。

"是啊。"Lucky 熊点点头，说："我们都是不一样的，根本就不用比啊。"

听起来很有道理呢，小伙伴们都点点头。

"所以，你是你，我是我，我不和你比！要比就和过去的自己比。你看，我今天就比昨天跳得远，因为我昨晚可是练了好久呢。"说完，Lucky 熊放下了书包，给大家表演起了跳远。

Lucky 熊跳完回头一看：呀，真的比昨天远了一点点呢。这时小伙伴们都鼓起了掌！真棒！

亲子情商讨论

请父母带着小朋友一起讨论以下问题：

➤ 羞羞兔、小狗汪汪、小黄鹂、小猴跳跳各有什么本领呀？

➤ 为什么Lucky熊不开心了呢？

➤ Lucky熊为什么回家后要练习跳远和跑步？

➤ 为什么Lucky熊不和小伙伴比赛了呢？

➤ 小朋友，你有和别人比过什么呀？输了心情怎么样呢？

➤ 我们要不要和别人比较呢？

亲子情商游戏 —— 不公平的比较

游戏规则：

- 选择以下场景（A，B，C，D），引导孩子设想并回答：如果你是这个小朋友，面对这样的比较，你会怎么办呢？
- 引导孩子学会回应比较：每个人都是不一样的，你是你，我是我，我不和你比。
- 可以模拟更多生活中孩子经常遇到的比较场景，让孩子练习，直到熟练应对为止。

不公平的比较

A

豆豆和妹妹在吃饭，豆豆吃得慢一点，妈妈说："妹妹比你小，吃得比你快，你当哥哥的很丢脸呢。"

B

豆豆和多多一起搭城堡，多多说自己搭的黄色城堡好看，豆豆搭的蓝色城堡不好看。

C

老师在发水果，乐乐想吃奇异果，豆豆想吃苹果，乐乐说吃奇异果才好，吃苹果的小朋友太普通。

D

红红的爸爸开车来接她，豆豆的妈妈骑电动自行车来接他，第二天，红红笑豆豆只能坐电动自行车来上学。

注意：在情景体验游戏中，父母可以和孩子轮流扮演豆豆，父母还可以扮演因为比较而很难过的豆豆，让孩子教你怎么办，多次练习。

孩子在模拟的环境中学会如何正确地应对别人的比较，就可以将这种能力迁移到实际生活中，当实际出现这种情况时，孩子便具备相应的情商能力进行处理了。

亲子情商家庭教育策略

（1）接纳孩子，减少对比

让我们来看下图中的这几句话：

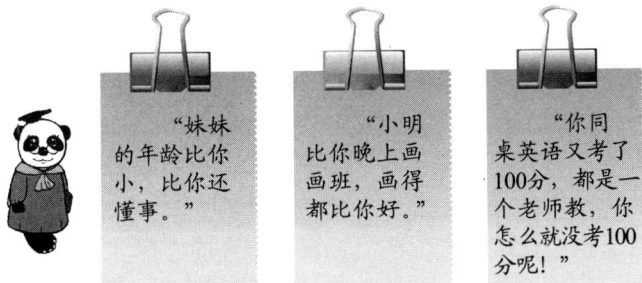

> "妹妹的年龄比你小，比你还懂事。"

> "小明比你晚上画画班，画得都比你好。"

> "你同桌英语又考了100分，都是一个老师教，你怎么就没考100分呢！"

这些话，听起来是不是很熟悉？很多父母可能经常这样说。一方面，父母希望通过对比，让孩子去发现别的孩子的优点，增加一些压力，有动力做出改变；另一方面，父母也确实是恨铁不成钢，表达一下不满，抒发一下对别人家孩子优秀的羡慕。

但很多时候，这种"对比教育"带来的结果却与父母的期望背道而驰，孩子越比表现越差。主要原因有两点：

第一，你夸奖别人，含意是对孩子不满意。作为父母，可以设身处地感受一下。如下图所示。

> 你看人家李太太，又能赚钱，还能顾家，把孩子教育得多乖巧。

> 你什么意思啊？你就是说我不能赚钱，还教不好孩子呗！

> 你看对门老张，又升职了，他家年底要换大房子了。

> 你这又是什么意思呀？你就是说我能力不行，没法给你换房子呗！

同理,每次父母说"别人家的孩子"时,孩子解读出来的意思就是:你觉得我不行,我不如他们。而实际上,扪心自问,作为父母,我们的心里是不是也是这么认为的?

这不就是对孩子的批评和否定吗?的确,有些孩子会激发动力,努力追赶、超越,不过并不是每个人都会这样,存在个体差异性,需要根据不同孩子的性格具体分析。

即使取得成果,但孩子的心里并不一定会高兴,因为还有下一个人比他厉害,他会一直处在压力、焦虑之中,永远不会对自己感到满意,生活得多累多苦啊。

同时,也会让孩子产生逆反、自暴自弃的心理(见下图)。

你觉得他更好,你把他领来养啊!

……

那你怎么不说多多爸爸,人家还是公司董事长呢,你呢?

……

这样的话一点都不好听,对吧!

孩子被比较多了,他也学会了比较,这样下去只会和父母对抗。因为他的内心充满了对父母的不满,对"别人家孩子"的不满,要么发展为外露的嫉妒、愤怒、破坏,要么压抑为对自己的不满,自暴自弃,如下图所示。

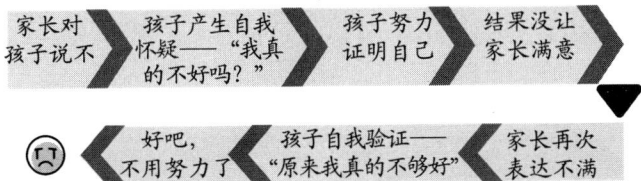

如果父母想要孩子优秀，就不要再说"别人家的孩子"。

（2）教会孩子拒绝比较

其实，完全没有比较的环境是不存在的，孩子置身于大环境之下，即便父母不进行对比，别人也会比较。因此作为父母，我们要教孩子如何面对比较，否则孩子好不容易建立起来的自信与能力感，很容易就被破坏了。父母不仅要培养孩子拥有一颗强大的内心，还要教他们如何保护自己。

平时父母可以多和孩子进行"不公平比较"的情景游戏，让孩子在各种情景中多多练习，有能力应对多种比较环境。同时，强化孩子"自己是独一无二的"这一感受，当孩子真正认识到自己的独一无二，自然就不会陷入"被比较"的窘境里，面对比较的时候，孩子内心强大，才有勇气拒绝。

（3）引导孩子赏识差异

> 案例
>
> 　　有一次我和家长们一起走出课堂时，看到几个孩子在搭积木，其中嘟嘟妈妈（化名）就对儿子说："你看贝贝（化名）搭的城堡大门挺好看的，你搭的城堡大门太小了。"
> 　　嘟嘟抬头看了妈妈一眼，慢悠悠地说："他是他，我是我，我不和他比，我是独一无二的，我的城堡也是独一无二的。"
> 　　嘟嘟妈当时是既尴尬又高兴，尴尬的是自己学的知识又忘了，高兴的是孩子能这么回应自己的比较。
> 　　我也很高兴，蹲在嘟嘟旁边说："哇，嘟嘟和贝贝都搭了自己独一无二的城堡呀！真特别。那你们的城堡有什么不一样的呀？"两个小家伙就开始说了，最后，嘟嘟很高兴地说："贝贝的城堡大门也好看，下次我也可以搭个这样的城堡。"

同样是搭大门，如果嘟嘟因为被比较而被迫搭个大门，和自己主动搭个大门，内心感受和学习效果是完全不同的。

因此，父母不要用对比，可以用情商技巧"赏识差异四步曲"，如下图所示。

第一步：强调孩子是独一无二的。

父母进行比较的目的，是让孩子学习他人的优点。

每个孩子都是不同的。父母接纳了孩子的不同，才会认可孩子，孩子感受到父母的认可之后，自然能心平气和地去看待别人的长处，并向他人学习了。

情商语言	➤ 哇，妈妈看一下你做的是什么？ ➤ 哦，这是什么呀，你和爸爸讲一讲？ ➤ 嗯，原来你是这么想的呀？

第二步：引导孩子发现自己与他人的不同。

孩子在得到认可之后，他的内心是满足的、愉悦的，这个时候再来看别人的优点和长处，他并不会排斥，就可以让孩子自己来发现别人是怎么做的，这也是让孩子主动探索的过程。

> ➤ 哦，那你看其他小伙伴做了什么事呀？
> ➤ 你同桌是用什么方法学习的，英语考了100分呀？

第三步：鼓励孩子勇敢尝试。

每个孩子都渴望变得优秀，他们都是愿意尝试、愿意学习的，父母要做的就是鼓励他们勇敢尝试，尤其是在自己擅长的领域。

第四步：肯定孩子。

尝试之后，不管结果如何，父母都要肯定孩子。如果结果不如意，就肯定孩子愿意尝试的勇气；如果结果有值得鼓励的地方，就肯定孩子的进步，增强孩子的能力感和被爱的感受。

当孩子长期处于支持、鼓励、肯定的教育环境之中，他们的能力会不断增强，自信心也会逐渐提高。在这个过程中，孩子会自然而然地进行观察对比，从中发现对方的优点，进行吸收学习。此时，父母要及时发现并给予肯定，强化孩子这一学习行为，这样孩子主动学习的动力、能力都会不断增加，形成良性循环。

在这种爱的氛围下，孩子既能掌握新的能力，又提高了能力感，自信心的建立不就水到渠成了吗？

笔 记

第三章

情绪管理能力
——当情绪来敲门，不要怕哦

第一节　认识情绪

> 能控制好自己情绪的人，比能拿下一座城池的将军更伟大。
>
> ——拿破仑

1. "可怕"的情绪

在线下上课的时候，我做了统计，约 70% 的小朋友都希望不要有负面情绪，觉得太可怕了。情绪就像洪水猛兽，有时毁掉的不仅是自己的生活，甚至是生活在你周围的人和环境。

但是，情绪真的只会给我们带来可怕的后果吗？显然不是。因为情绪本身并无好坏之分，它只是一种信号，像一个邮差，给我们传递消息，提醒我们现在发生了什么事情，需要采取一些措施才能更好应对。

例如孩子的书被别人拿走了，他很生气，那就是生气这种情绪在告诉孩子，那是你的东西，别人未经同意就拿走，是侵犯了你，你要采取措施来保护自己。此时的生气情绪是在提醒孩子受到了侵犯，要通过行动捍卫自己的利益。

因此，情绪没有好坏之分，但情绪管理能力却有高低之分，这才是导致不同事件结果的原因。

2. 培养情绪管理能力要趁早

情绪管理能力和孩子的脑部神经元发展紧密相关。

如果孩子一生气就开始大吼大叫、摔东西，他的神经元连接就建立起来了。孩子以后生气的时候，第一反应就是大吼大叫，这个神经元连接被巩固加粗，最终变成优势神经元保留下来，孩子的行为模式就固定了，会变得暴躁易怒，甚至出现暴力行为。

习惯就是这么养成的，年龄越大越难改变，因为神经元连接非常牢固，所以说"江山易改，本性难移"。如下图所示。

| 生气 | 建立神经元
连接 → | 大吼大叫、摔东西 | 多次—神经元
连接加粗 → | 行为模式：暴躁易怒、
出现暴力行为 |

情绪管理能力的培养，就是重新塑造孩子积极正面的脑部神经元连接，教会孩子生气时可以采用深呼吸，做气球操、减压操，情绪垃圾桶等情商技巧，多次反复训练，让大脑重新形成积极的神经元连接。而当孩子的大脑形成了新的积极的神经元连接时，原来的大喊大叫、扔东西这些神经元连接功能就会慢慢弱化，良好的行为模式就建立起来了（见下图）。

因此这个过程越早越好，趁孩子原来的行为模式没那么牢固时，父母干预、引导改变才有显著的效果。

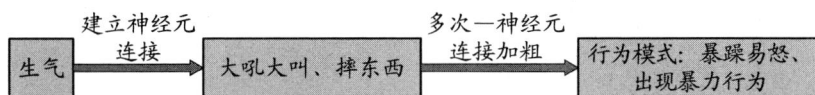

▎第二节　生气时，深呼吸

> 任何人都会生气，这很简单。但选择正确的对象，把握正确的程度，在正确的时间，出于正确的目的，通过正确的方式生气——这却不简单。
>
> ——亚里士多德

情商信念 —— 生气时，深呼吸，做好情绪管理

儿童情商故事

爱生气的小斑马

小斑马是一匹爱生气的小马。

如果袋鼠老师在课堂上没有第一个叫小斑马回答问题，小斑马就会气得高高地举起蹄子，再用力地踩下去。

如果斑马妈妈没有买他喜欢吃的青草棉花糖，小斑马会气得狂奔起来。

所以小斑马在的地方，小动物们都躲得远远的。

有一天，阳光明媚，Lucky 熊和小伙伴们坐在小山坡上画画，不一会儿，小斑马也来了，而且他看上去很生气，鼻子喷着气，蹄子四处踢，眼睛瞪得圆乎乎的。

"小斑马，你怎么又生气了啊？"小猴跳跳皱着眉问。

"哼，我刚刚和小象皮皮下棋，我输了。我最讨厌输了，我很生气，就把棋盘撞倒跑了。哼，我再也不下棋了。"小斑马说着说着又

扬起了马蹄，呼哧呼哧地喘着气。

Lucky 熊赶紧站起来，拍拍小斑马的肚子说："小斑马，我们要做情绪的主人，要管理好情绪。来来来，和我一起说：'生气时，深呼吸，冷静下来再处理。'"

小斑马瞪着眼睛，歪着头，一脸茫然地看着 Lucky 熊。

"来来来，小斑马"，Lucky 熊挺着圆乎乎的肚子说，"像我一样，深呼吸。深深地吸气，让肚子像小皮球一样鼓起来；然后再呼气，让肚子瘪下去。再来，吸气、呼气。"Lucky 熊每吸一次气，胖乎乎的小肚子就鼓起来，变得更圆了，像个小皮球一样。

小斑马大大的鼻孔深深地吸了一口气，小肚子也鼓了起来，就像一个长满条纹的气球。

一起做了十个深呼吸之后，Lucky 熊拍拍小斑马的肚子说："怎么样，小斑马，感觉心情好点了吗？"

小斑马晃着脑袋说："好点了，可是我还是有些生气。"

Lucky 熊歪着脑袋，想了一会，说："那我还有一个办法，来数数字吧。"Lucky 熊左右看了看，目光最后停在小斑马的身上，说："来，你来数数你身上有多少道条纹吧。"

小斑马一屁股坐在草地上，低下头，指着自己的条纹数了起来。1，2，3，4，5…

在小斑马数完身上最后一道条纹的时候，小伙伴们都围了过来。

羞羞兔小声地问："小斑马，你现在感觉心情好一点了吗？"

小猴跳跳也着急地问："小斑马，你还生气吗？"

Lucky 熊也微笑着说："小斑马，如果还生气的话，你还可以把生气的情绪画下来哦，然后扔到情绪垃圾桶里。"说完，Lucky 熊还拿出一个好看的小桶，小桶上贴着一个标签，上面写着：情绪垃圾桶。

　　小斑马一下子有了兴趣，找羞羞兔借了画笔，唰唰唰几下就画好了。

　　画上是一只嘟着嘴、扬起蹄子、头上还有几团火的小斑马，旁边是散落在地上的棋盘和棋子。

　　然后，小斑马把画揉成一团，嗖的一下扔进了情绪垃圾桶里。突然感觉生气的情绪也一起被扔到垃圾桶里了。

　　呼，小斑马大大地呼出了一口气，现在舒服多了。

　　他咧开嘴巴，脸上露出了大大的笑容。

　　不久之后，大家都觉得，小斑马变了。

　　小花猫不小心撞坏了他搭的城堡，他竟然没有扬起马蹄子，而是坐在椅子上深呼吸。

　　小狗汪汪不小心弄脏了小斑马的衣服，他竟然也没有再鼻子喷气，而是开始数身上条纹的数量。

　　爱发脾气的小斑马真的变成了会管理情绪的小斑马。现在，小动物们可喜欢和他一起玩了。这可真是太棒了。

亲子情商讨论

请父母带着小朋友一起讨论以下问题：

➤ 为什么小动物们一开始都躲着小斑马？

➤ 小斑马因为下棋输了做了什么事情？

➤ Lucky熊教小斑马用什么办法管理生气的情绪？

➤ 小斑马后来生气时，都是怎么做的呢？

➤ 小动物们为什么现在又喜欢和小斑马玩了呢？

亲子情商游戏 —— 情绪垃圾桶

游戏规则：

- 父母和孩子一起制作"情绪垃圾桶"。
- 家庭成员轮流分享一件令自己生气的事情。
- 把令自己生气的事情在纸条上画下来或者写下来。
- 撕掉纸条，扔进情绪垃圾桶里。

注意：父母可以列举出一些生气时常做的事情，如大喊大叫、打人、在地上打滚等，请孩子来判断这样的行为可不可以做。通过这样的游戏，让孩子反思自己的行为，从而明白生气的情绪是没有错的，但是生气有多种表达方式，有正确的和不正确的，需要选择不伤害自己，也不伤害别人的表达方式。

请孩子对下面的图示进行判断，判断生气时的这些行为是否正确，并在方框内打"√"或"×"。之后，请他们根据自己生气时的行为，补充最后两行。

01 大吼大叫	☐
02 打架	☐
03 毁坏东西	☐
04 争吵	☐
	☐
	☐

亲子情商家庭教育策略

（1）允许并接纳孩子的愤怒情绪

情绪没有对错，只是一个信号，特别是对于孩子而言，情绪爆发意味着他们遇到了自己处理不了的问题，需要父母提供支持和帮助。因此，面对孩子的任何情绪，父母首先要学会接纳，允许孩子生气。

但请注意，接纳的是孩子的情绪，而非行为。情绪无对错，行为有好坏。

> ➤ 哦，妈妈没给你买玩具，你很生气，对吧。可以的，你可以生气。
>
> ➤ 嗯，爸爸知道你生气了，要是爸爸，遇到这种事也会生气的。

情商语言

注意：如果父母自己也很生气，请先冷静一下，告诉孩子你需要离开一会儿，之后再来处理他/她的问题。

> ➤ 妈妈现在也很生气，需要冷静一会儿，我们再来沟通。
>
> ➤ 现在爸爸也生气了，我得先到房间安静一会儿，你先在这里做你的事情，我一会儿再过来。

情商语言

（2）阻止孩子的暴力行为

孩子生气的表达方式，往往伴随肢体动作，因为这是原始的情绪表达方式，也是需要父母重点引导的行为。因为生气而冲动伤人的案例屡见不鲜，皆是从小养成的。父母可以用情商技巧"应对孩子暴力行为四步曲"进行引导，如下图所示。

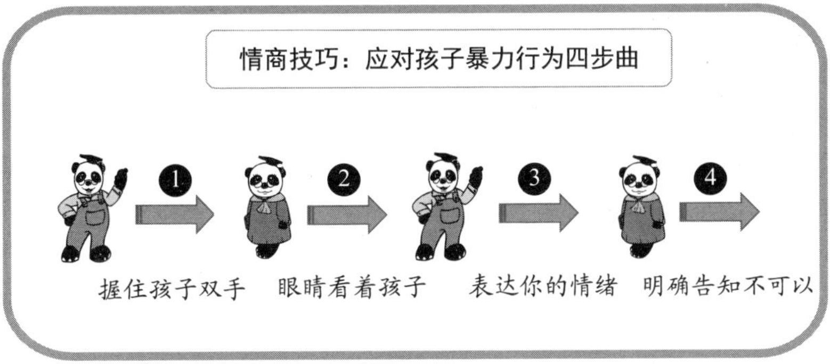

情商技巧：应对孩子暴力行为四步曲

① 握住孩子双手　② 眼睛看着孩子　③ 表达你的情绪　④ 明确告知不可以

第一步：第一时间握住孩子的双手，阻止他继续动手。

当孩子出现过激行为时需要立刻阻止，可以将孩子抱住，抓住他的手或脚，不让他伤害到自己和他人，但不要弄疼孩子。这个过程对于一些妈妈是有挑战的，有些孩子力气很大，抓不住，可以请爸爸帮忙。在这个过程中，父母的态度一定要温和，不要凶孩子，否则会激起孩子更大的反抗。

阻止孩子的过程中孩子可能会挣扎或者喊叫，产生激烈的行为，这时需要父母坚定态度，或者把孩子放在一个安全、较为封闭的地方，让他待在那个空间里，父母则在一旁等他安静下来。

第二步：眼睛看着孩子。

在这个过程中，父母要尽量看着孩子。注意，不是怒视，而是平和地看着他。

第三步：表达你的情绪。

父母可以和孩子说："你打人，妈妈很生气。""你打人，妈妈会很伤心。"

第四步：明确告知不可以。

父母要告诉孩子："妈妈知道你生气了，但是打人是不可以的。你停止这个行为，妈妈就可以放开你了。"

这个过程中孩子的行为会反复，可能下次你干预的时间会更长，孩子的行为会更激烈，但请保持耐心，坚持干预。反复几次之后，让孩子意识到不可以动手，那么孩子一发脾气就使用暴力的行为就会减少乃至消失。

（3）引导孩子管理愤怒情绪

6岁以前的孩子由于情绪表达能力有限，在出现生气情绪时采取的宣泄方式往往是极端且具有破坏性的，如大哭、大吵大闹、摔东西……其实并不是他们故意搞破坏，只是不知道其他表达方式。

因此，父母需要教会孩子，当他们生气时应该怎么办，可以采用情商技巧"生气情绪管理五步曲"进行引导，如下图所示。

情商技巧：生气情绪管理五步曲

① 生气时，先暂停 ② 深呼吸 ③ 数数字 ④ 画情绪 ⑤ 沟通解决问题

第一步：生气时，先暂停。

停止手头正在做的事情，因为越气越急越做不好。

情商语言

➤ 哦，这个城堡又倒了，你很生气，来，我们先暂停一下，不搭了。
➤ 我们都很生气，现在先不讨论这个问题了。

第二步：深呼吸。

深呼吸可以让孩子放松，父母要带着孩子一起做深呼吸。

情商语言

➤ 来，我们先做一下深呼吸，让自己放松一下、舒服一点。和妈妈一起，深深吸气，肚子鼓起来，呼气，肚子瘪下去。像小皮球一样，再来……

第三步：数数字。

数数字的目的是让孩子理性思考，当理性思维开始工作时，情绪就会得到缓解。除了数数字，还可以采用找颜色的方法，让孩子说出周围物体的颜色。

第四步：画情绪。

可以让孩子把生气的事情写下来或者画下来，扔到情绪垃圾桶。这几个步骤父母可以灵活调整顺序，都是让孩子去接纳、面对自己的情绪，给他时间和方法来管理自己的情绪，要让他知道，情绪并不可怕，只要我们学会管理情绪就好了。

第五步：沟通解决问题。

当孩子情绪舒缓下来之后，才是解决问题、讲道理的时间。现在知道为什么你和孩子讲道理没用了吧，当他情绪激动的时候，根本不会认真听你讲了什么，更不会去思考和接受。

一定要先共情，再说事，这才是有效的情绪管理方式。

> 情商语言

> ➤ 刚刚是为什么这么生气呀？
> ➤ 哦，那你想怎么样呢？
> ➤ 下次再遇到这种事情，你可以怎么做呀？
> ➤ 下次再生气，要怎么办呢？

如果在沟通的过程中，孩子又生气了，再重复第一步到第四步的步骤，重新帮助孩子管理情绪，直至孩子平静下来。这就是情绪管理的特点，会反复，有时候需要重复几次才能真正解决问题，父母一定要保持耐心与平和的心态。特别是在处理孩子的生气情绪时，我们很容易被孩子点燃自己的怒火，也一起愤怒起来，那就是火上浇油了。

因此，我们也要对自己说："生气时，深呼吸，冷静下来再处理。"父母的情绪管理，也是孩子学习模仿的对象，教子先教己。当我们能够更好地管理自己的生气情绪时，自然能更好地教育孩子管理愤怒情绪了。

第三节 难过的时候要坚强

> 愉快有益于人的身体，但只有悲伤才能培养心灵力量。
>
> ——普鲁斯特

情商信念 —— 难过的时候要坚强

儿童情商故事

难过的羞羞兔

体育课上，Lucky 熊拿着小球一路跑啊跑，追到了小猴子，越过了小老虎。他将球往上一扔，球稳稳地落在了球筐里。

"Lucky 熊好棒啊！"小伙伴们都为 Lucky 熊鼓起了掌，要他再来一次。

Lucky 熊又抱着球，一路跑啊跑，超过了小山羊，绕过了小花猫。就在他要将球往上一扔的时候，他一不小心摔倒了，扔出来的球刚好砸到羞羞兔。

不得了了，羞羞兔一下子就扑倒在地上，膝盖磕在石子上。

天啊，这得多疼呀。

Lucky 熊赶紧跑过去，扶起了羞羞兔。

羞羞兔站起来了，可是两只耳朵垂得低低的，眉毛挤在一起，嘴巴抿得紧紧的，一句话也不说地推开了 Lucky 熊，自己走开了。

Lucky 熊看着一瘸一拐的羞羞兔，心里难受极了。

上美术课了，Lucky 熊一直看着羞羞兔的座位，是空的，羞羞兔不在。

下课铃声一响，Lucky 熊就赶紧跑出教室，到学校的各个地方去找。

原来，羞羞兔正躲在小楼梯下面，偷偷地抹眼泪呢。

Lucky 熊跑过去，一下子就看到羞羞兔的膝盖，那里已经渗出了红红的血珠。

"一定很疼吧！对不起，羞羞兔，我不是故意的。"Lucky 熊边说边帮羞羞兔吹了吹膝盖。

羞羞兔感觉温暖的风不仅吹到了膝盖上，也吹到了心里。

袋鼠老师和小伙伴们也都过来了，大家一起把羞羞兔扶到了医务室，给她的膝盖消了毒，涂了药膏。

Lucky 熊拍拍羞羞兔的后背说："对不起，羞羞兔，你一定很疼、很难过吧。下次不要偷偷躲起来了，告诉我们，我们都会陪着你的。"

其他小伙伴也用力点点头，羞羞兔突然觉得，膝盖好像没那么疼了，自己也不那么难过了。

原来有人陪着，比一个人哭的感受好多了，心情也会变得开心起来。

第二天，羞羞兔的膝盖还是很痛，但心里已经不觉得痛了，也不难过了，因为 Lucky 熊和其他小伙伴都会陪着她，他们会一起讲笑话，还会一起玩游戏，一起蹦蹦跳跳。

亲子情商讨论

请父母带着小朋友一起讨论以下问题：

➤ 为什么羞羞兔躲在小楼梯下面偷偷抹眼泪呢？

➤ 羞羞兔的心情是什么样的呢？

➤ 当大家把羞羞兔扶去医务室的时候，她的心情
是怎么样的呢？

➤ 之后羞羞兔难过的时候，她还会躲起来吗？为
什么？

亲子情商游戏 —— 难过的我

游戏规则：

- 父母与孩子分享一些自己难过的事情。
- 在纸上画出自己难过时候的样子（见下图）。
- 与孩子讨论难过时候的表情动作。
- 讨论难过时可以做哪些事情让自己变得开心。

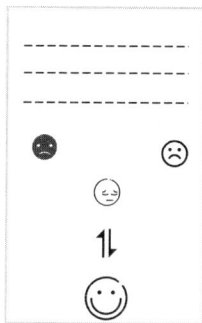

注意：画画是表达情绪的好方法，当孩子察觉到自己难过的情绪时，可以引导他们将此时的感受画下来，有利于舒缓情绪。一起讨论难过时可以做的事情，对于培养孩子让自己开心起来的能力非常重要。

亲子情商家庭教育策略

（1）允许孩子哭泣

儿童的难过情绪是指因为心理上的不安全、分离、委屈或者受到身体的伤害而产生的难受情感和表现，是孩子常见的情绪。

孩子产生难过情绪的原因主要有两点，如下图所示。

①身体方面的不适　　头疼、肚子疼等身体不舒服的感觉

孩子难过的原因

②心理方面的不适　　由具体事件诱发，例如与亲人分离、玩具损坏、小伙伴不跟自己玩

当孩子难过时，哭是最常见的情绪宣泄方式。哭的强度和内心的难过情绪是成正比的，哭也是孩子情绪情感自我修复的一个步骤。

而且在孩子没有学会别的方式缓解难过时，哭泣是孩子唯一会的方式。因此当孩子难过哭泣时，不要阻止，断断续续的抽泣反而会压抑孩子的情绪，不仅影响孩子心理健康，还会影响身体健康。

允许孩子哭泣。在孩子哭泣的时候，父母可以在一旁静静地陪着，或者抱着孩子轻拍，让孩子感受到安全和爱，有利于孩子舒缓情绪。

> ➤ 没事，哭就哭吧，妈妈就在这里陪着你，难过是可以哭的。
>
> ➤ 哭吧，哭出来会舒服一点，妈妈陪着你。
>
> ➤ 等你不想哭的时候，我们就想想办法让自己舒服一点哦。

情
商
语
言

（2）引导孩子表达难过情绪

难过的情绪是一种生理、心理处于低唤醒水平的状态，什么事都不想做，对什么都提不起兴致，整个人沉浸在悲伤难过中。

而当孩子哭泣或者难过的时候，大部分孩子会主动寻找爸爸妈妈或者小伙伴，希望他们可以陪着自己。但一些敏感内向的孩子，往往会选择偷偷地躲在一旁哭泣，或者压抑情绪，这并不利于孩子的心理健康，因为长时间的难过会造成心境恶劣，甚至造成抑郁状态。因此要让孩子有能力在自己难过之后恢复，有能量和力量重新开始生活。

最初，这份力量来源于父母的陪伴、支持和引导。父母可以用情商技巧"难过情绪管理四步曲"进行引导，如下图所示。

难过情绪管理四步曲

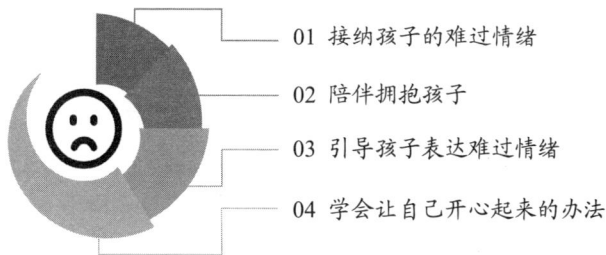

01 接纳孩子的难过情绪

02 陪伴拥抱孩子

03 引导孩子表达难过情绪

04 学会让自己开心起来的办法

第一步：接纳孩子的难过情绪。

无论孩子难过的原因是什么，父母都要接纳，即使这个原因很荒唐，或者让我们感觉孩子很软弱。特别是对于小男孩来说，因为一件小事就泪眼汪汪，让很多父母接受不了。但请记住，孩子的坚强是无数经历锻炼出来的，一个爱哭的孩子并不代表无法建立强大的内心。同时，也正是因为他现在脆弱，才更需要父母的引导和陪伴。

> 情商语言
> ➤ 你看起来有些难过是吗？
> ➤ 妈妈知道你现在很难过，如果这件事发生在我身上，我也会难过的。
> ➤ 每个人都会难过的，这没有什么丢脸的。

第二步：陪伴拥抱孩子。

难过的孩子内心是脆弱的、需要支持的，父母的陪伴会给孩子很大的力量。但有时候孩子会拒绝陪伴，这也没关系，父母可以在他的周围做自己的事情，让他知道你在，他的内心就会感觉更安稳。

> 情商语言
> ➤ 没事，想哭就哭一会，妈妈在这里陪着你。
> ➤ 你现在想一个人待着也可以，妈妈就在客厅，需要的时候你就叫我，我一直在的。
> ➤ 来，妈妈抱着你，我在呢。

第三步：引导孩子表达难过情绪。

当孩子的情绪舒缓之后，父母就可以沟通引导孩子了，可以询问孩子发生了什么事情，这时他们就会和父母说了，因为他的情绪已经疏导出来了，可以稍微平静地和你对话沟通了。

根据"情商之父"丹尼尔·戈尔曼的研究，孩子需要学会及时地识别自己的情绪，只有知道情绪产生的原因，并能通过语言和非语言的方式把自己的情绪准确地表达出来，才能初步掌握情绪管理的能力。

情商语言

➤ 哦，原来是玩具坏了，所以你很难过啊。
➤ 哦，原来是豆豆不和你玩，所以你很难过呀。那下次，难过的时候你也可以说出来，妈妈就知道你怎么了。

第四步：学会让自己开心起来的办法。

难过的时候，要学会让自己开心起来，这才能让自己的生活重新焕发活力。因此父母要经常与孩子讨论，教给他们一些让自己开心起来的方法。

当孩子有能力让自己开心起来时，将会拥有幸福的能力。

情商语言

➤ 难过的时候，我们可以做些什么事情让自己开心起来呢？
➤ 哦，画画能让你开心起来呀，那我们现在一起来画画吧。
注意，最后要加上总结：
➤ 你看，有这么多事情可以让自己开心起来。所以当你下次难过的时候，你也可以做这些事情让自己变得开心哦。

第四节　害怕快快离开我

> 人之所以迷信，只是由于恐惧；
> 人之所以恐惧，只是由于无知。
> ——霍尔巴赫

情商信念 —— 害怕快快离开我

儿童情商故事

Lucky 熊怕蜜蜂

当 Lucky 熊还是个小宝宝的时候，他最喜欢做的事情就是采蜂蜜。只不过，那个时候，他是看着艾维尼妈妈采蜂蜜，而他呢，则坐在青青的草地上看看飞过的蜻蜓，追赶头上飞过的蝴蝶。

有一次，艾维尼妈妈忘了拿瓶子，让小宝宝 Lucky 熊在草地上等着，并说她很快就回来。

小宝宝 Lucky 熊等得有些无聊，就开始玩起了扔石头的游戏。

啪的一声，石头扔到了小蜜蜂的家里，这可不得了，蜜蜂们生气极了，纷纷飞过来，瞬间就把小宝宝 Lucky 熊包围了起来。

小宝宝 Lucky 熊很害怕，不停地挥动着胖乎乎的小手，哇哇地哭着，艾维尼妈妈赶紧跑过来，把蜜蜂赶走，抱着被咬得满头包的小宝宝 Lucky 熊回家了。

从此以后，小宝宝 Lucky 熊再也不去采蜂蜜了，看到蜜蜂都会哇哇大哭。

有一次，他在花园里晒太阳。嗡嗡嗡的声音像小虫子一样钻到了他的小耳朵里。他的身体一下子就绷紧了，头像小拨浪鼓一样地四处转动，寻找着声音的来源。

他看到一只蜜蜂停在了玫瑰花上。

愣了一会，小宝宝 Lucky 熊就抱着头大声地哭喊起来："妈妈，蜜蜂，疼。"

艾维尼妈妈赶紧跑过来抱着小宝宝 Lucky 熊，轻轻地拍拍他说："你是害怕蜜蜂叮你，会很痛是吗？"

"嗯，嗯，包包，疼！"小宝宝 Lucky 熊一直摸着头，上次的包包还没完全消呢。

"哦妈妈知道了，Lucky 熊是害怕了。"艾维尼妈妈轻轻地吻了Lucky 熊的额头，温柔地说："现在呀，蜜蜂是在采花粉，这样才可以酿出你最喜欢的蜂蜜啊！上次是你不小心把他们的房子打坏了，他们生气了才会咬你。现在他们不会咬你的。"

艾维尼妈妈说完，把小宝宝 Lucky 熊抱到蜜蜂跟前，"来，和妈妈一起看看蜜蜂采花粉好吗？妈妈陪着你！"

"怕、怕。疼、疼！"小宝宝 Lucky 熊捂着眼睛不敢看，小身子朝蜜蜂相反的方向伸着。

"妈妈陪着你，一起来看看。"艾维尼妈妈一直轻轻地拍着 Lucky 熊的背，还给他讲蜜蜂正在做什么。

Lucky 熊听着听着，一只手慢慢地从眼睛处拿下来，将身子慢慢地转过来，圆溜溜的眼睛看着蜜蜂采花粉。

这个时候，小蜜蜂抬起头，朝小宝宝 Lucky 熊笑了一下，飞走了。

小宝宝 Lucky 熊一下子就被小蜜蜂可爱的样子逗笑了，也拍着手哈哈大笑起来。

原来蜜蜂也不是那么可怕啊。只要不去伤害他，他就不会来咬我。

从那以后，小宝宝 Lucky 熊不再那么害怕蜜蜂了，还和小蜜蜂聊天玩游戏了。

最后，他还交了好几只蜜蜂好朋友，这真是太棒了。

亲子情商讨论

请父母带着小朋友一起讨论以下问题：

➤ 小宝宝Lucky熊为什么害怕蜜蜂呢？

➤ 艾维尼妈妈陪Lucky熊做了什么事情呢？

➤ 为什么Lucky熊不害怕蜜蜂了呢？

➤ 小朋友，你会害怕什么呢？

亲子情商游戏 —— 神秘的箱子

游戏规则：

- 在箱子中装入一些用品之后密封起来，只留一个圆孔，让手可以伸入。
- 渲染神秘的气氛，不让孩子知道箱子里面装了什么东西。
- 鼓励孩子将手伸进箱子，自己去摸索。
- 打开箱子让孩子看里面的东西，之后让孩子再次伸手摸索。

注意：箱子里装的东西要安全，但是手感不同，如娃娃、胶纸、刷子，装的时候不能让孩子看到，玩的时候也不能让孩子看到。

如果孩子很害怕，不愿意摸，非常抗拒，就把箱子打开，让孩子看完再玩游戏，不用强迫孩子来摸。游戏只是让孩子感受到害怕情绪就可以，通过前后对比，知道害怕是因为不了解，明白害怕情绪产生的原因。

亲子情商家庭教育策略

（1）接纳害怕情绪，认识其普遍性

> 案例
>
> 豆豆害怕小狗，每次看到狗，都会吓得躲起来，妈妈觉得很不可思议，甚至很生气地说他："这有什么好怕的，小狗多可爱啊。"
>
> 明明在宠物店看到蜥蜴很害怕，躲在妈妈身后，爸爸有些生气地说："男孩子要大胆一点，这还关在玻璃箱里呢，又不会咬你，怕什么。"

没有父母希望自己的孩子胆小，所以想要接纳孩子"害怕"这种情绪确实有难度。当孩子害怕的事物很普通，比如怕黑、怕小猫小

狗，父母也许会觉得荒唐或不能理解，要么简单安慰"不要怕""这有什么好怕的"，要么粗暴责备"这么大了，害怕这个，丢不丢人啊！"。

更有甚者，强迫孩子面对，例如抓住孩子的手去触摸他们害怕的事物，例如小动物，或者把孩子一个人关在房间里。这种方法只会加剧孩子的恐惧心理，伴随着尖叫、发抖、晕厥等身体反应，给孩子造成心理创伤。

因此，父母首先要正确认识"害怕"这种情绪，进一步接纳孩子的害怕，之后引导他们正确的管理情绪。

第一，害怕是因为要保护自己。害怕情绪是指个体对事物、行为产生危害或者伤害的预期心理。孩子由于对事物的认识有限，因此害怕的事物五花八门，毫无规律可言，害怕小动物、害怕洗澡、害怕陌生人、害怕黑暗等，加之各自经历不同，害怕的事物也不具备可比性。

总的来看，孩子害怕的事物分为两大类：一类是具体的事物，一类是抽象的事物，如下图所示。

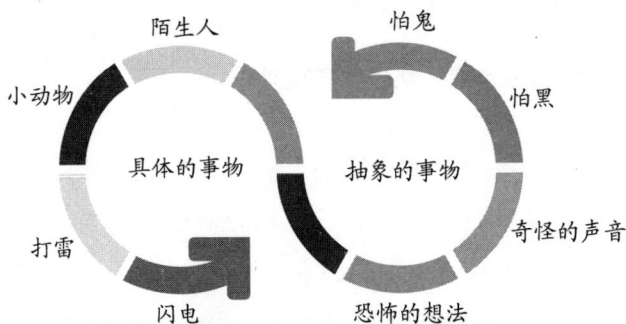

无论是哪类事物，当孩子出现害怕情绪时，一定说明在他们的认知里，这个事物是危险的。孩子害怕会不敢靠近，害怕情绪可以带领孩子远离真正的危险，所以说这是一种自我保护情绪。

就像在街上看到一只老虎，害怕会让我们本能地躲起来，而不是直接冲上前去，这样可以保护自己免受伤害，这是害怕情绪带给我们的积极意义。

第二，害怕情绪很普遍。每个人都有害怕的东西或者事物，但是由于大众评价，特别是在孩子们的朋友圈中，如果因为害怕被别人嘲笑，孩子就会觉得"害怕"是一件很丢脸的事情，有时为了展现自己的"勇敢"，刻意去做一些真正危险的事情。父母平时可以用亲身经历或是电视、生活中的某些现象对孩子进行引导。

情商语言	➤ 你看，妈妈也会害怕，所以害怕是很正常的事情哦，没什么丢脸的。 ➤ 因为我们不知道这个东西对我们有没有危险，当然会害怕啊。 ➤ 你看，爸爸也会害怕，每个人都会害怕的，只是怕的东西不一样而已。

（2）引导孩子学会克服害怕情绪

害怕情绪可以让孩子远离危险，但长时间沉浸在害怕里面，或者害怕情绪已经影响到生活质量了，那就需要引起高度重视了。父母可以用情商技巧"害怕情绪管理四步曲"引导孩子。

害怕情绪管理四步曲

1 陪伴孩子深呼吸

引导孩子说出害怕的原因 2

3 让孩子了解害怕的事物

学会保护自己 4

第一步：陪伴孩子深呼吸。

这是最简单也是最有效的放松情绪的方法，父母可以陪着孩子先放松下来。

> 情商语言
>
> ➤ 哦，你有些害怕是吧，来，妈妈陪着你，我们可以一起深呼吸，让自己先放松下来。

第二步：引导孩子说出害怕的原因。

当孩子害怕时，父母陪在孩子身边，可以给孩子带来极大的安全感。孩子信任你，希望你可以保护他，帮他解决问题，他会愿意和你说出害怕的原因。此时作为父母，要积极倾听，即便他们害怕的原因很荒唐，父母也不要去打断和评价，也不需要鼓励，只是倾听就好，并给出反馈。

> 情商语言
>
> ➤ 来，和妈妈说说，你怎么害怕它呀？
> ➤ 你害怕什么呢，和妈妈说说，我就在这里陪着你。
> ➤ 哦，原来是这样啊，所以你会害怕。
> ➤ 我知道了，你是害怕……

第三步：让孩子了解害怕的事物。

因为孩子对世界的认知有限，这就需要父母针对孩子害怕的事物进行详细分析，让他们分清事情的真伪，澄清被孩子误解的事实。如孩子很怕狗，就可以和孩子一起观看有关宠物狗的视频，站在远处看看小狗，让孩子慢慢了解狗。

当孩子明白这个事物对自己是不会造成伤害之后，害怕情绪自然就会舒缓，就像我们在街上看到一头狮子会感到害怕，但是在电视里看到它却觉得很兴奋是一样的道理。

第四步：学会保护自己。

害怕是一种自我保护情绪，让我们远离危险。如果孩子对于某些真正危险的事情感到害怕，父母就要正确引导，并教给他们如何保护自己。

在这个过程中，父母逐渐引导孩子明白，千万不要为了彰显勇敢而假装不怕，这会带来真正的危险，只有面对恐惧，才能一步一步强大起来。

第五节　我是快乐的小天使

> 快乐，是人生中最伟大的事！
>
> ——高尔基

情商信念 —— **我是快乐的小天使**

儿童情商故事

Lucky 熊采访小象皮皮

小象皮皮每天都非常快乐，长长的鼻子举得高高的，所有的小动物都非常喜欢他，说他是一个快乐的小天使，只要他到哪里，哪里就有快乐。

可是 Lucky 熊心里就有好多好多的问号，小象皮皮哪里来的这么多快乐啊？

他歪着脑袋想了好久，还是没有想到答案。

突然，Lucky 熊高兴地说："对了，我要去采访小象皮皮，问问他的快乐是从哪里来的？"这个主意真是太棒了。

第二天一大早，Lucky 熊就找到了小象皮皮，从小书包里拿出了情绪话筒，举到小象皮皮面前，像个小记者一样，问："小象皮皮，我想采访你一下，请问你为什么会这么快乐呢？"

"这个问题我也没想过呢。"小象皮皮扇扇耳朵说："要不我们边走边说吧，我还要把这桶水提到山羊奶奶家里呢。"

说完，小象皮皮用象鼻子卷起一桶水，往山羊奶奶家里走去。

走着走着，他们突然被一根木头挡住了前进的道路。

小象皮皮放下水桶，着急地说："这一根木头挡住了路，其他的小动物可能会被绊倒，我要马上把它移开。"说完，就用长鼻子用力卷起木头树，把它移走了。

虽然满头大汗，但是小象皮皮的象鼻子扬得高高的，看起来快乐极了。

Lucky 熊赶紧把情绪话筒举到小象皮皮面前，问："小象皮皮，为什么你现在这么快乐呢？"

小象皮皮笑呵呵地说："因为我把树挪开了，这样就不会挡到大家走路啦，所以我很快乐啊。"

Lucky 熊点点头。哦，原来帮助别人会感到快乐啊。Lucky 熊找到了第一个答案。

怪不得，每次我帮狐狸奶奶拎东西的时候，虽然累，但是看到狐狸奶奶笑眯眯的脸庞，自己也会很快乐，原来是因为帮助了别人而感到快乐呀。

他们继续往前走，很快就到了山羊奶奶的家里。

山羊奶奶笑眯眯地摸着小象皮皮的头，说："谢谢你，小象皮皮，你真是个乐于助人的好孩子。"

小象皮皮摆摆手说："不客气，山羊奶奶，这是我应该做的。"说完，又把长鼻子扬得高高的，看起来快乐极了。

Lucky 熊又赶紧把情绪话筒举到小象皮皮面前，问："小象皮皮，为什么你现在这么快乐呢？"

小象皮皮还是笑呵呵地说："因为山羊奶奶表扬我了，所以我很开心快乐啊。"

Lucky 熊点点头。哦，原来被别人表扬也会感到快乐啊。Lucky 熊找到了第二个答案。

Lucky 熊想起了美术课上，袋鼠老师表扬了他画的大树，他当时就像喝了蜂蜜一样，心里甜滋滋的。原来这是因为被别人表扬而感到快乐啊。

他们继续往前走。

小象皮皮开始给 Lucky 熊讲笑话，逗得 Lucky 熊哈哈大笑，好几次都笑得捂住了肚子呢。走到小河边的时候，还遇到了小乌龟，小乌龟邀请他们来家里做客。

三个小伙伴一起来到小乌龟家里。他们一起吃东西、一起玩玩具、一起讲笑话，玩得开心极了。

Lucky 熊笑得眼泪都流下来了。

这一次，Lucky 熊自己拿着情绪话筒，高兴地说："和好朋友在一起吃东西、玩游戏，特别开心快乐啊。"

哦，这是 Lucky 熊找到的第三个答案，和好朋友在一起的时光，就是快乐时光。

这一刻，Lucky 熊发现，只要用心感受，原来自己也拥有这么多的快乐啊。

我是快乐的小天使！这可真是太棒了！

亲子情商讨论

请父母带着小朋友一起讨论以下问题：

➤ 为什么小象皮皮挪开大树之后很快乐呢？

➤ 为什么小象皮皮帮山羊奶奶提水很快乐呢？

➤ Lucky熊为什么也很快乐呢？

➤ 最后，Lucky熊找到了哪些快乐的答案呢？

亲子情商游戏 —— 寻找快乐

游戏规则（见下图）：

- 孩子扮演小记者，向家庭成员提问："请说出一件让你快乐的事情。"
- 角色调换，父母扮演小记者，向孩子提问："请说出一件让你快乐的事情？"
- 一起玩一个开心的游戏，父母抓拍孩子开心的笑脸。

老爸，请说出一件让你快乐的事情？

我儿子考试全班第一的时候我最开心！

儿子，请说出一件让你快乐的事情？

你们别逼我考全班第一的时候我最开心。

77

注意：孩子在游戏中最容易体验到快乐情绪，并常常伴随着丰富的笑脸与肢体动作，经常通过游戏让孩子体验快乐的情绪情感，能促进孩子的健康发展。因此父母可以经常和孩子一起进行游戏，在这个过程中，也充分表达自己的快乐情绪。

亲子情商家庭教育策略

（1）呵护孩子的小快乐

豆豆在地上捡了一片树叶，高兴地给妈妈看，"妈妈，你看，这片树叶像不像一只蝴蝶？"妈妈皱着眉头说："赶紧丢掉，和你说了多少次，不要捡地上的东西，脏。"豆豆不情愿地把树叶丢了，嘟着嘴，皱着眉，一脸不开心。

这样的场景是不是经常出现，孩子一脸高兴地找我们，最后却变成一张苦瓜脸。后来，孩子长大了，慢慢变得沉默，笑容越来越少，我们很奇怪，"你怎么总是看起来闷闷不乐的？"孩子说："这些都没意思啊，有什么好开心的。"

怎么会这样呢，当初那个因为一片树叶都高兴半天的孩子，到哪里去了？

是啊，生命的最初，孩子会因为妈妈的亲吻，吃饱了饭，看到一片云，捡到一朵花而高兴好久，那张兴奋的笑脸，能把我们的心融化，这就是快乐的情绪，是人的需求得到满足之后，生理、心理上表现出的一种反应，是孩子最常见的一种情绪。

从最初的食物、妈妈的怀抱等简单需求发展到后来的心理、社交、自我实现等多元化的需求，快乐的情绪不断陪伴孩子，带给孩子满足感和幸福感。

但是，随着年龄的增长，学习带来的压力和独立生活带来的挑战，致使很多孩子渐渐失去了快乐的情绪。因此，父母就要小心地保护孩子与生俱来的快乐能力，培养孩子"发现快乐"的能力。

下一次，当孩子自己找乐子，比如一片树叶、一摊水渍、一个气泡是他快乐的源泉时，父母要做的就是给予肯定，给孩子足够的自由去玩耍，让他能最大限度地保持住发现快乐、感受快乐的能力。

> 情商语言
>
> ➤ 呀，这看起来是个好玩的游戏。
> ➤ 哦，这片树叶看起来挺有意思的，你喜欢就好。
> ➤ 开心就好，玩好了就来把手洗干净吧。
> ➤ 保护好自己就好，你还可以在这里再玩十分钟。

（2）帮助孩子画好"寻找快乐"的界限

由于孩子对问题的认知存在局限性，很多时候他的快乐是建立在对别人的伤害、难过、痛苦之上，比如说以恶作剧或欺负别人为乐，这是一种不健康的寻找快乐的方式。

还有的孩子只在乎自己的感受，并不知道自己寻找快乐的方式会干扰、影响别人，例如一高兴就抱紧别人。如果孩子的快乐已经影响到他人，甚至是伤害到别人时，父母就要帮助孩子画好"快乐"的界限。

父母可以采用情商技巧"快乐界限四步曲"的方式，如下图所示。

1 **及时制止**
把孩子带离环境，或者制止他们的行为。

2 **态度坚定而平和地告知孩子**
父母的态度一定要坚定而平和，否则孩子会认为你在和他玩游戏。

3 **情景模拟**
情景重现，增强孩子的真实感受。

4 **告知孩子快乐的原则**
谨记原则——"不伤害自己，不伤害别人。"

第一步：及时制止。

把孩子带离环境，或者制止他们的行为。

第二步：态度坚定而平和地告知孩子。

告诉孩子不可以这样做，态度一定是坚定平和地告知，千万不要笑或者显示出开心的样子，否则孩子会认为你还是在和他玩游戏，并且你也觉得很好玩，他的行为会更加剧烈，停不下来。

第三步：情景模拟。

父母可以用情景模拟、角色互换的方式和孩子一起重演当时的情景，让孩子在情景中感受到不正确表达快乐会给自己和对方造成怎样的感受，让孩子感受到对方的不舒服。比如父母对孩子恶作剧，然后表现很高兴，让他们切身体会到这种感觉，这样会让孩子减少类似的行为。

第四步：告知孩子快乐的原则。

真正的快乐要遵循"不伤害自己，不伤害别人"的原则，这是快乐的界限，也是孩子做很多事情的底线。我们没办法一件一件教会孩子如何对待所有事情，原则和底线就是他做事情的边界。

如何让自己保持快乐是一项非常重要的情商能力，因为它能让我们感受到生活的美好。即使在困境中，拥有快乐的能力也能让我们发现世界的善意，愿意和世界继续相处下去。

同时，当我们置身在生气、伤心、委屈、害怕等负面情绪时，如果能够让自己快乐起来，就可以更快地从负面情绪中走出来，重新回到平和快乐的状态。

第四章

独立性——做一个不向生活
　　　　妥协的孤勇者

▌第一节　认识独立性

> 为了成功地生活，少年人必须学习自立，铲除埋伏各处的障碍，在家庭要教养他，使他具有为人所认可的独立人格。
>
> ——戴尔·卡耐基

独立意味着生存

幼鹰出生之后，很快就要告别舒适的环境，在鹰妈妈的帮助下尝试独立飞翔。幼鹰需要经过刻苦训练，才能得到母亲的认可，从而得到母亲口中的食物。之后，母鹰会把幼鹰带到高处进行飞翔实训，从很高的地方将它们赶下去，逼着它们独自飞起来。就像学习游泳一样，如果父母担心孩子呛水而不敢让他们下水实践，那么孩子这辈子可能都不会掌握这项能力了。

曾经有一个年轻人，大学毕业之后换了无数份工作，不是抱怨上班苦，就是埋怨加班累，后来干脆辞职在家，靠着父母的积蓄和养老金生活。

直到有一天，父母再也忍不了了，指责他："你不能再这么待下去了！"没想到，儿子却振振有词地说："你们不能养我一辈子，为什么从小如此溺爱我？"

因此，当我们谴责社会上一些"啃老"的年轻人时，其实更应该思考，到底是谁造就了他们"啃老"的现状？

在他们小时候，他们的父母是否教会了他们独立生存的技能，有没有培养他们的独立性？母鸡会带着小鸡去学习如何捉虫子，鸭妈妈也会带着小鸭去学游泳捕食，因为这是大自然的法则：孩子必须学会离开父母独立生存。

作为人类面临更加复杂残酷的生存竞争环境，我们无法陪伴孩子一辈子，无法帮他们解决人生的全部问题，未来的社会竞争更激烈，父母必须从小培养孩子的独立性。

独立性的两个层面

案例

　　9岁的豆豆可以自己吃饭、自己穿衣服，也能自己洗漱、自己睡觉。有一次妈妈有事情要外出，给豆豆留了晚饭，叮嘱豆豆一个人在家要好好吃饭，写完作业就先洗澡睡觉。安排完这些计划妈妈就放心地出门了，因为在她心里，豆豆是很独立的孩子。

　　当她忙完回家的时候，豆豆已经准备睡觉了，作业本放在书桌上等着妈妈签字。可是妈妈一看，还有很多题空着，豆豆回答："这些题我不会。"妈妈有些生气地说："那你可以先自己想一下啊，或者自己翻翻书，这些题也不难啊。"豆豆说："平时我不会的题都是你教我的。"妈妈更生气了，说："那我不在，你就不会自己想了吗？"

这样的案例比比皆是，孩子看似独立，可又好像紧紧依赖着父母。当我们不在孩子身边时，他们似乎很多事情都不会做了。这也让很多父母感到困惑，孩子到底是独立，还是不够独立呢？

这是由于大多数人对于独立性不了解，才会产生这样的困惑。

独立性，是指孩子不依赖外界、他人，善于自我决策，独立地寻找解决问题的办法并实施来解决问题的行为。由此可见，真正的独立性包含两个层面，一个是独立生活的自理能力，一个是独立思维能力（见下图）。

独立性的两个层面

> 独立生活的自理能力
>   孩子能够照顾好自己的学习、生活。

> 独立思维能力
>   孩子能够独立思考，善于自己解决问题。

当孩子具备了这两方面的能力之后，无论置身于何处，都有能力生存下来，并得到更好的发展。

第二节　我独立，我可以

人多不足以依赖，要生存只有靠自己。
——拿破仑

情商信念 —— 我独立，我可以

儿童情商故事

小宝宝 Lucky 熊

当 Lucky 熊还是个小宝宝的时候，他最喜欢做的事情，就是黏着艾维尼妈妈。

他喜欢黏在艾维尼妈妈的怀抱里，听着艾维尼妈妈哼唱的摇篮曲，香香甜甜地睡着觉。

他喜欢黏着艾维尼妈妈的手掌，牵着艾维尼妈妈的双手，走在森林里的小路上。

每当这些时候，艾维尼妈妈总是笑眯眯地看着 Lucky 熊，她也好喜欢这个像小跟屁虫一样的小宝宝 Lucky 熊。

不过，有些时候，这样的小宝宝 Lucky 熊却给艾维尼妈妈带来了一些烦恼。

比如艾维尼妈妈在做饭，小宝宝 Lucky 熊却一直抓着艾维尼妈妈的衣角，嘴里念叨着，"妈妈抱抱，妈妈抱抱。"艾维尼妈妈端着铁锅，拿着锅铲，还要时刻担心旁边的小宝宝 Lucky 熊，可把她忙坏了。

还有当艾维尼妈妈在洗澡或者在上厕所的时候，小宝宝 Lucky 熊总是搬着一把小椅子，放在卫生间的门口。隔一会就敲一下门，"妈妈，你好了吗？"还要把小耳朵贴在门上，听听妈妈是不是准备出来了。

艾维尼妈妈可真烦恼。

这一天，小宝宝 Lucky 熊牵着艾维尼妈妈的手走在森林里的小路上，一阵欢笑声吸引住了小宝宝 Lucky 熊。原来是一个彩虹隧道，有好多小宝宝在隧道里钻来钻去的，小宝宝 Lucky 熊也好想到隧道里玩一下。可是 Lucky 熊有些害怕，他紧紧地黏在艾维尼妈妈身上，小声地说："妈妈，你和我一起去玩吧。"

艾维尼妈妈蹲下身来，看着小宝宝 Lucky 熊，温柔地说："Lucky 熊，你看，所有的小朋友都是自己在玩的，不需要妈妈陪，你也可以做到的。而且你看，彩虹隧道那么小，妈妈钻不进去的。"艾维尼妈妈夸张地比画着。

小宝宝 Lucky 熊扑哧一声笑了，可是他还是不想和妈妈分开，"那妈妈，你陪我一起到隧道口吧。"小宝宝 Lucky 熊拉着艾维尼妈妈的手来到隧道口，他紧紧地抓住艾维尼妈妈的手，不敢松开。

"Lucky 熊，你可以做到的。去吧，自己去玩吧。妈妈就在这里等你。如果你一个人害怕的话，可以大声和自己说，我独立，我可以。"艾维尼妈妈紧紧地抱了一下小 Lucky 熊。

"好吧。"小宝宝 Lucky 熊慢慢地松开了妈妈的手，他实在太想到彩虹隧道里玩了。

他慢慢地弯下腰，又回头看了妈妈一眼，小心翼翼地钻进隧道里，又回过头看着妈妈，直到妈妈的脚也看不到了，他才开始慢慢地在隧道里爬着。

没有妈妈在身边，确实有些担心害怕，小宝宝 Lucky 熊小声地说："我独立，我可以。"

嗯，我可以自己一个人玩游戏的。

他抬起头，发现原来头顶上的颜色这么多啊，红色、黄色、绿色，还有其他很多不认识的颜色呢。小宝宝 Lucky 熊边看不同的颜色边在隧道中爬，不一会儿就从隧道里爬了出来，看到了蓝蓝的天空，还有艾维尼妈妈大大的笑脸。

小宝宝 Lucky 熊高兴地扑进了艾维尼妈妈的怀里，高兴地说："妈妈，我还想再玩一次。"当然，这一次他是自己开开心心地爬进隧道里的。

艾维尼妈妈也高兴极了，因为这可是小宝宝 Lucky 熊第一次自己一个人玩游戏玩这么久，而不再像个小小跟屁虫似的黏着她，要妈妈陪着一起玩。

从这以后发生的事情让艾维尼妈妈更加高兴了。

当她在做饭的时候，小宝宝 Lucky 熊一个人玩拼图。

当她在和狐狸阿姨聊天的时候，小宝宝 Lucky 熊一个人看图画书。

更重要的是，当艾维尼妈妈戴上浴帽在浴缸中泡澡的时候，终于可以踏踏实实、舒舒服服地享受泡泡浴了，因为这个时候的小宝宝 Lucky 熊没有坐在门口等妈妈洗完，而是拿着画笔在画画呢。

当然，每一天晚上，小宝宝 Lucky 熊还是喜欢黏在妈妈身上，听着妈妈讲有趣的故事，唱好听的歌曲，趴在妈妈怀里香香地睡觉。

而艾维尼妈妈也非常享受这样的幸福时光。

亲子情商讨论

请父母带着小朋友一起讨论以下问题：

➤ 小宝宝Lucky熊喜欢黏着妈妈做什么事情呢？

➤ Lucky熊为什么喜欢一直黏着妈妈呢？

➤ 为什么Lucky熊又敢自己去彩虹隧道里玩了呢？

➤ 为什么后来小宝宝Lucky熊又不一直黏着妈妈了呢？

➤ 小朋友，什么时候我们可以黏着妈妈，什么
　时候不可以呢？

亲子情商游戏 —— **妈妈黏黏黏**

游戏规则：

- 妈妈找出一张和孩子的合照，并贴在卡纸上。
- 和孩子讨论，哪些情况下"妈妈和宝贝要黏在一起"。
- 把"要黏在一起"的事情画下来或者写下来。
- 妈妈再拿出自己和孩子的单人照贴在卡纸上。
- 和孩子讨论，哪些情况下"妈妈和宝贝不能黏在一起"。
- 把"不能黏在一起"的事情画下来或者写下来（见下图）。

> "要黏在一起"的事情
>
> -----------------------------------
>
> -----------------------------------
>
> -----------------------------------
>
> "不能黏在一起"的事情
>
> -----------------------------------
>
> -----------------------------------
>
> -----------------------------------

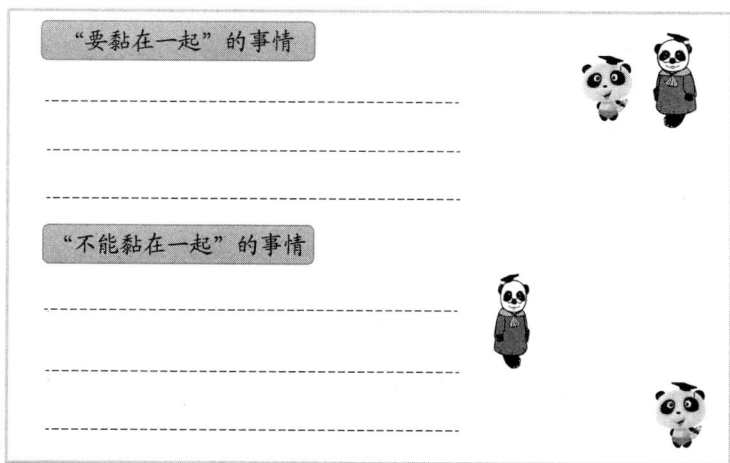

注意：父母可以先举出几个符合孩子年龄段的例子，比如"要黏在一起"做的事情有睡前讲故事、玩亲子游戏、吃饭、散步等，之后再引导孩子自己来说。特别是"不能黏在一起"的事情，尽量让孩子来讲。这是通过故事游戏形式，引导孩子自己来认识到自己已经长大了，要和妈妈分开做一些事情的过程，更有利于亲子健康分离。

亲子情商家庭教育策略

（1）不要偷偷离开

培养孩子独立，便意味着需要和父母分离，这对于孩子和父母都是一个考验。

因为不愿分离，孩子哇哇大哭；因为不忍孩子哇哇大哭，父母不舍分离。但不分离，孩子又怎么能独立成长？于是总有父母偷偷溜走，不和孩子说，担心提前告诉他们，反而更难离开。等孩子反应过来，哭得撕心裂肺，在看到父母回来的时候，反而会黏得更厉害，也会变得更难带。

有人说"孩子哭一段时间就好了，都是这样的"。确实会有哭了一段时间孩子就不哭了这种情况，也就实现亲子分离了。但殊不知，这种强制分离会让孩子感觉被"遗弃"，父母"不要"他们了，从而产生强烈的不安全感，甚至会自我否定。特别是如果在孩子大哭的时候，照顾人有不恰当的言行，更容易给孩子的心理造成创伤。

接下来，孩子不知道父母什么时候又会不在，所以更要紧紧地黏着父母，害怕父母突然又消失。而且孩子会变得患得患失，时刻猜测父母是不是一会儿又会消失不见。孩子总是想着这些事情，不利于孩子的身心发育。

因此，父母千万不要偷偷离开，一定要提前告知孩子。

（2）温和告知孩子，逐步离开

父母可以用情商技巧"亲子分离五步曲"来温和有爱地和孩子分离。如下图所示。

亲子分离五部曲

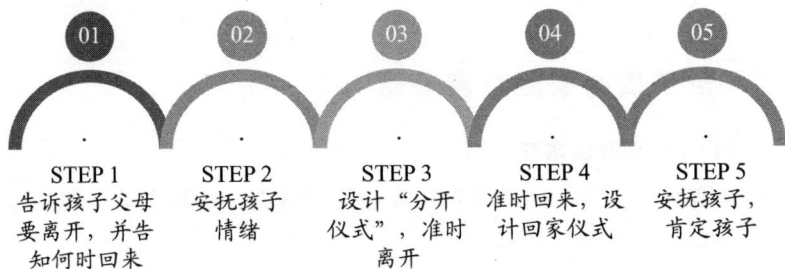

01	02	03	04	05
STEP 1 告诉孩子父母要离开，并告知何时回来	STEP 2 安抚孩子情绪	STEP 3 设计"分开仪式"，准时离开	STEP 4 准时回来，设计回家仪式	STEP 5 安抚孩子，肯定孩子

第一步：告诉孩子父母要离开，并告知何时回来。

当我们需要离开一段时间的时候，要提前告知孩子，什么时候走，什么时候回来，让他们有心理准备，产生和父母之间的认知默契——父母说要离开时才会离开，不然就不会走，即使走开一会儿，也会马上回来。

情商语言

➤ 宝贝，妈妈下午要出去办点事，会离开一会儿哦，吃饭的时候就回来了，你可以在家里和奶奶一起玩游戏。

➤ 宝宝，妈妈明天早上要去上班了，晚上才会回来哦，你要在家和爷爷奶奶一起玩哦。

　　注意： 可以给孩子一些视觉提示，比如时钟走到哪里父母就会回来了，天空变成什么颜色父母就会回来了，让孩子对你回来这件事有可控感，不会处于一无所知的等待状况。

第二步：安抚孩子情绪。

孩子知道要和父母分离，一定会产生情绪，会不让父母走，会哭闹，这都是正常的情况，是因为要"分离"而产生的难过情绪或者生气情绪，是顺利分离的必经阶段。所以父母首先要了解这一点，接纳孩子的情绪，也允许孩子有情绪过渡期。

你要忍心让孩子现在哭泣，才能在将来分离时不哭泣。父母可以用上一章讲到的情商技能，引导孩子管理情绪，平复心情。

第三步：设计"分开仪式"，准时离开。

在孩子情绪平复下来之后，可以和孩子商量一个"分开仪式"（见下图），就是和妈妈分开的时候可以怎么做。此时，孩子可能会继续哭泣，不愿意父母走，父母需要在仪式后快速离开。因此就需要照顾孩子的家人也具备引导孩子管理情绪的能力，由他们来安抚孩子的情绪。

分开仪式

一	二	三	四
拥抱1分钟	亲我三下	我亲三下	送别
妈妈出门之前，紧紧拥抱1分钟	"走可以，不过妈妈必须亲我三下	"走可以，妈妈必须让我亲三下	把妈妈送到门口，挥手告别

第四步：准时回来，设计回家仪式。

当父母回家时，孩子是很开心的，但是可能因为内心的小委屈故意不理你，所以在之前，父母可以和孩子商量设计一个"回家仪式"，让他对父母的回归是充满期待和开心的，不会和父母闹别扭，开开心心地在一起。

第五步：安抚孩子，肯定孩子。

刚开始时，孩子看到父母回来，即使玩得很开心，也会哇哇大哭，表达自己的委屈、难过和想念父母，所以父母需要先好好安抚孩子，之后要很感兴趣地询问他在家都做了什么事情，他会很骄傲地告诉父母自己干了什么事情。这其实是孩子想展示自己，"你看，你不在家我也是很勇敢、很独立的"，希望父母夸夸他。因此父母要大力地表扬孩子，肯定他做得很棒。

肯定孩子在家做的事情，就是让他感受自己在家也是可以开开心心的，产生成功体验和愉悦感。这样在下次分离的时候，他才会想起这些美好的经历，能更愿意让父母离开，情绪会更加容易平和下来，逐步地分离成功，是实现独立的第一步。

情商语言

➤ 哇，你一天做了这么多事情啊，妈妈没想到哦。

➤ 哇，你看，妈妈就知道你可以在家和爷爷奶奶玩得很好的。

➤ 哇，你还教了奶奶画画啊，好厉害哦。

第三节　自己的事情自己做

> 人啊，还是靠自己的力量吧!
>
> ——贝多芬

情商信念 —— 自己的事情自己做

儿童情商故事

Luck 熊的成长树

在情商森林里，每个小动物出生，森林婆婆都会送他一棵成长树。

这棵树可真奇怪，不用浇水，不用施肥，光秃秃的树干挺得笔直，站在小花园里，朝着小宝宝 Lucky 熊微笑。

虽然成长树是棵不长叶子的树，但是小宝宝 Lucky 熊还是非常喜欢它。

他喜欢躺在树下和艾维尼妈妈做游戏，还喜欢靠着树干呼呼睡大觉。

他喜欢坐在树下和艾维尼妈妈吃东西，还喜欢让熊爸爸抱着自己坐在树枝上。

有一天，坐在树下的小宝宝 Lucky 熊突然叫了一声妈妈，这可是小宝宝 Lucky 熊第一次叫妈妈呢，把艾维尼妈妈高兴坏了，她抱起 Lucky 熊高兴地转着圈。

这个时候，成长树光秃秃的树干上长出了一片小绿叶，这可是成长树长的第一片叶子，让 Lucky 熊高兴坏了，他兴奋地咯咯直笑。

又有一天，在树下爬来爬去的小宝宝 Lucky 熊突然摇摇晃晃地站了起来，迈着胖乎乎的小腿，伸着手朝熊爸爸走过去。

这可是小宝宝 Lucky 熊第一次自己站起来走路呢，熊爸爸高兴坏了。熊爸爸一把抱起小宝宝 Lucky 熊放在自己的肩膀上，激动地跑了起来。

这个时候，成长树光秃秃的树干上又滋滋滋地长出了一片小绿叶。

没过多久，Lucky 熊开始学会了拿着小勺子吃饭，也学会了拿着小牙刷唰唰唰地刷牙，还学会了拿着衣服往身上套，把脚往鞋子里塞，他会做的事情越来越多啦。

而成长树呢，也开始噌噌噌地长出叶子，一片又一片绿油油的叶子挂在树梢，可真好看。而每一片叶子上，还隐隐约约地浮现着几个字，吃饭、穿衣服、穿鞋、刷牙……

原来当 Lucky 熊学会做一件事情，成长树就长一片叶子啊，这是成长的叶子。

随着 Lucky 熊会做的事情越来越多，成长树也长得越来越茂盛了。

虽然 Lucky 熊能做的事情越来越多了，但不是每件事情都能做得很好。比如刷牙这件事情，虽然 Lucky 熊已经学会拿小牙刷刷牙，但是怎么将牙刷呈45度角倾斜，门牙上下刷要刷多少次，又要怎么刷外侧面、内侧面，还有后牙的咬面，这些 Lucky 熊还不太熟练。这可真是个不小的工程啊。

有时候 Lucky 熊用力过猛，会戳到口腔壁，痛得捂着嘴哇哇叫。每次这样，爷爷都心疼地不得了。他拿着 Lucky 熊的小牙刷，说："来来来，张开嘴巴，爷爷帮你刷牙。"

"不用了，爷爷。自己的事情自己做。我自己来刷牙。"Lucky熊拿过爷爷手里的牙刷，咬紧门牙，咧开嘴，上下刷刷，还认真地数着数。

　　还有洗衣服这件事，虽然 Lucky 熊只需要洗自己穿的小裤裤，但是怎么把裤裤洗干净，又要拧干晒在晾衣绳上，却是个大工程。

　　Lucky 熊挽起袖子，学着艾维尼妈妈的样子搓着，一不小心，袖子掉下来，沾湿了。一个用力过度，水又溅到脸上，冰凉冰凉的。

　　每次这样，奶奶都心疼地不得了。拉起 Lucky 熊的小手，说："来来来，把手擦干，奶奶帮你洗衣服。"

　　"不用了，奶奶。自己的事情自己做。我自己来洗吧。" Lucky 熊拿过奶奶手里的小裤裤，放在水里搓着，拿起来拧干，用夹子夹在最矮的晾衣绳上。虽然还有很多事情对于 Lucky 熊来说是个大工程，爷爷奶奶，还有很多叔叔阿姨也都想来帮 Lucky 熊做。不过每一次，Lucky 熊都摇摇头，礼貌地说：　"不用了，谢谢。自己的事情自己做。"

　　这真是太棒了。而每一次成长树听到这句话，都高兴地沙沙沙地笑起来，而且越长越高，树叶越来越多。

　　原来这就是成长树不用浇水不用施肥，却依然这么茂盛的秘密啊。

亲子情商讨论

请父母带着小朋友一起讨论以下问题：

➤ 成长树为什么会长叶子呢？

➤ Lucky熊刷不好牙，爷爷要来帮它，它为什么不要呢？

➤ Lucky熊洗不好小裤裤，奶奶要来帮它，它为什么不要呢？

➤ 当别人要来帮我们做事情的时候，要怎么办呢？

亲子情商游戏 —— 成长树

游戏规则：

- 绘制一棵大树当"成长树"。
- 和孩子一起列出，目前孩子会自己做的事情。
- 将这些事情做成"成长树叶"并贴在成长树上。
- 将成长树贴在墙上。

注意： 在写成长树叶的时候，可以很惊喜地表达"哇，这件事你也会做啦"，将这些事情做成树叶，贴在成长树上，让孩子通过具体的活动看到自己的能力，既能提醒孩子是具备独立完成这些事情的能力的，又在不断增加孩子的能力感。

亲子情商家庭教育策略

（1）培养孩子的生活自理能力

每个孩子都是愿意去尝试探索的，当他们刚开始表现出喜欢做某事的时候，那就是孩子在开始学习掌握一门新的能力了，父母要做的就是引导与放手。

很多父母怕孩子做不好，总是习惯性包办一切——"我来我来，你还小，我来做。""这个太难了，你做不好的，我帮你。"

表面是心疼孩子，但实际是剥夺了孩子学习成长的机会，并且造成孩子依赖的心理：那你们都做就好啦，我自己不用做了。很多时候孩子不独立，是因为父母不肯放手。

作为父母，在你伸手想帮孩子做事情之前，请问自己这两个问题（见下图）：

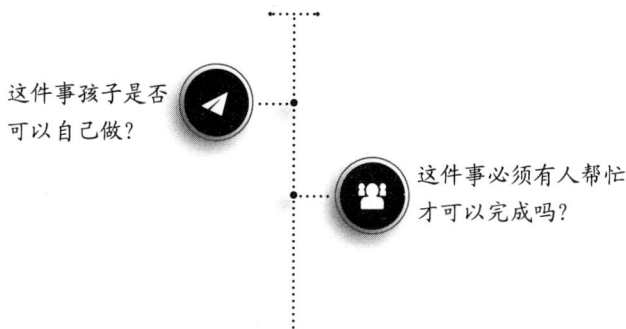

这件事孩子是否可以自己做？

这件事必须有人帮忙才可以完成吗？

如果孩子可以自己做，又不需要别人帮忙就能完成，那就大胆放手让孩子自己做。有些父母会问："如果遇到赶时间怎么办呢？"比如早晨送孩子上学，等他们自己穿鞋要好久，还不如自己帮他快速穿上。

为什么不能让孩子早起 10 分钟，预留时间让他们穿鞋呢？

教育孩子是需要时间的，没有捷径可走。孩子学习新能力的过程，本身就需要时间，需要父母给予足够的耐心和爱心。

（2）给孩子独立决定的权利

生活自理能力和行为是独立性的外在表现，而更深层的独立性则来源于孩子独立分析与思考的能力，即独立思维。

但在生活中，父母总觉得孩子还小，什么都不懂，于是喜欢代替孩子做决定，今天穿什么衣服，周末聚会去哪里玩，这些都帮孩子想好了。久而久之，孩子也就不需要动脑去思考了，慢慢变得没有主见，遇到问题也不知道如何分析解决。

针对这个问题，父母可以用情商技巧"独立思维四步曲"培养孩子的独立思考能力。如下图所示。

独立思维四步曲

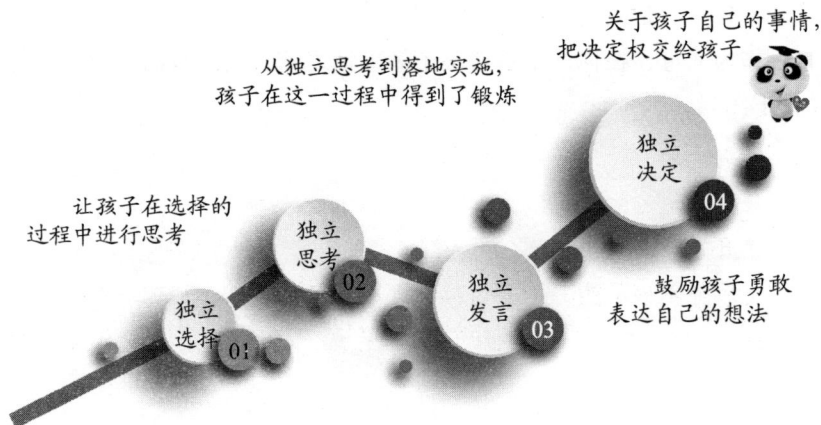

第一步：独立选择。

父母可以给孩子提供两套衣服让他决定穿哪套，提供几个地方让孩子选择去哪里玩……孩子在选择的过程中其实就开始了思考。

第二步：独立思考。

父母提出开放式问题，如周末想去哪里玩，生日聚会想要怎么办，甚至家庭聚餐可以怎么安排，这都是让孩子思考并且付诸实践的过程。从独立思考到落地实施，孩子在这一过程中得到了锻炼。那么当孩子在学习生活中遇到问题的时候，就会进行能力迁移，逐步思考并解决问题。

第三步：独立发言。

在这个过程中，重点在于鼓励孩子发言，让孩子勇敢地说出自己的想法，不要只是随大流，或者盲从别人。如果不能采纳孩子的想法，需要和孩子沟通原因，再探讨新的方案。

第四步：独立决定。

关于孩子自己的事情，父母可以把决定权交给孩子。如果他的决定不好，但会造成的后果也不大，那么可以在适当的范围内，允许孩子试错。承担相应的后果，也会让他们更加谨慎地进行选择。

（3）成为孩子的"递减帮手"

培养孩子的独立性，一定要避免走入一个误区：培养孩子的独立性并不等于对孩子放任不管，什么事都让孩子自己去完成。因为当孩子在做超出自己能力范围事情的时候，如果没有父母支持会让孩子感到孤立无援，长期这样会给孩子造成强烈的挫败感和无力感。因此，父母要成为孩子的递减帮手，陪着孩子一起学习某项技能。

最开始时，父母可以给予孩子一些帮助，让他们感受成功的喜悦，之后随着孩子能力的提高，慢慢过渡到独立完成。如培养孩子独立写作业的能力，可以从最开始陪着孩子写 1 个小时作业开始，一段时间之后减少为陪半个小时，再到陪 10 分钟，最后由孩子独立完成作业。

由此，循序渐进培养孩子独立做事情，独立思考。

在整个过程中，父母一定要让孩子感受到肯定与支持，这培养他们遇到困难时，还能坚持下去的力量和勇气，让孩子在爱和陪伴下，逐渐独立成长。

第四节　尝试一下很简单

情商信念 —— 尝试一下很简单

> 本来无望的事，大胆尝试，往往能成功。
> ——莎士比亚

儿童情商故事

Lucky 熊学独轮车

最近情商森林里的小动物们都迷上了独轮车，他们站在脚踏板上，手张开着像翅膀，可威风啦！

最开始只有羞羞兔在玩，然后小猴跳跳也在玩，慢慢地，几乎所有的小伙伴都有独轮车了，只有一位小伙伴没有——那就是 Lucky 熊。

看着他们在操场上玩独轮车玩得那么高兴，Lucky 熊也好想玩啊。

"Lucky 熊，你也来玩吧。"羞羞兔一个漂亮的转弯，把独轮车停在了 Lucky 熊面前，好神气的动作啊，Lucky 熊都看呆了。

"不，不，我还有事，得赶紧回家，妈妈在等我呢!"

Lucky 熊一下子就转头跑了，速度比平时快了好多啊。

"你今天怎么回来这么早啊，没和小伙伴们一起玩吗?"艾维尼妈妈从厨房走了出来。"你好像有些不开心，怎么啦宝贝，跟妈妈说说好不好?"

"他们都在玩独轮车，我不会。"Lucky 熊头垂得很低，都快碰到桌子了。

"你肯定也很想玩吧，但是不会，所以你很难过是吗？"艾维尼妈妈轻轻地搂着 Lucky 熊。

"嗯，是的。"Lucky 熊依偎在妈妈胸前，在妈妈怀里听着妈妈的心跳声，好温暖。

第二天，Lucky 熊又早早地回家了，比昨天更加不开心了。当他走到客厅的时候，眼睛突然亮了，嘴巴也张得大大的。

"妈妈，独轮车！妈妈！"Lucky 熊的声音大得都快把房顶掀开了！

"可是我不会骑。"Lucky 熊的声音一下子就变小了，头也低了下来。"有车也没用。"他嘴巴嘟着，几个小手指都绕在一起了。

"你看，妈妈也有一辆。妈妈也不会。"艾维尼妈妈又推出了一辆大的独轮车。一大一小，就像车妈妈和车宝宝一样。

"不会的事情可以怎么办呢？要不咱们勇敢一点，尝试一下！不尝试啊就永远都学不会了。"艾维尼妈妈说完就要把脚放到踏板上了。

"妈妈，小心，会摔的。我看到羞羞兔他们都摔了，我怕。"Lucky 熊抓住艾维尼妈妈的胳膊着急地说。

"哦，原来 Lucky 熊是怕摔倒很痛是吧。"艾维尼妈妈已经把两只脚都放上去了，"那妈妈试一下，看看怎么样不会摔，然后教你好不好。这样就不会痛了。"

"妈妈，妈妈……"Lucky 熊还想拉着妈妈，可是妈妈已经开始在房间里骑来骑去了。

刚开始摇摇晃晃的，吓得 Lucky 熊用手捂住眼睛，但又偷偷张开手指留着一条小缝。

"Lucky 熊，你也试一下吧，很好玩的。"艾维尼妈妈已经可以骑得很稳了。

"妈妈，我再等一下。"Lucky 熊把脚放上去，拿下来，又放上去，又拿下来。

"Lucky 熊，原来独轮车这么好玩啊。你也来尝试一下吧。勇敢一点。"

"来，妈妈扶着你，你把一只脚放在踏板上，另一只脚踩在地上。"艾维尼妈妈扶着 Lucky 熊。

"妈妈，我怕。"Lucky 熊紧紧地抓着妈妈的衣服，心跳的好快。

"妈妈在这里保护你，我们一起来试一下。勇敢一点我不怕，尝试一下很简单。"艾维尼妈妈轻轻地扶着 Lucky 熊，帮助他保持平衡。

"勇敢一点我不怕，尝试一下很简单。"Lucky 熊一遍一遍地重复。

"好的，现在把另外一只脚放在踏板上，好。尝试一下。"

"好，现在妈妈开始放手了哦。"

Lucky 熊摇摇晃晃地向前骑去，好不容易才划出去一小段距离。

可是 Lucky 熊已经高兴地大叫起来："耶，我也会骑独轮车了！一点都不难！明天我也要和小朋友们一起玩。勇敢一点我不怕，尝试一下很简单。"

说完，Lucky 熊又在房间里晃晃悠悠地骑了起来，看起来，他很快就能骑得像羞羞兔一样神气又熟练呢。这真是太棒了！

亲子情商讨论

请父母带着小朋友一起讨论以下问题：

➤ Lucky熊最开始会骑独轮车吗？

➤ Lucky熊为什么不敢骑独轮车呢？

➤ Lucky熊为什么又愿意骑独轮车了呢？

➤ 最后Lucky熊学会骑独轮车了吗？他是怎么
学会的呢？

亲子情商游戏 —— 面粉小人

游戏规则：

- 用面粉和成各种颜色的面粉团。
- 父母用手捏成一个小人，引导孩子完成小人制作。
- 展示完成的小人。

注意：父母在做之前，可以表现得很发愁，"我们原来没做过面粉小人，妈妈担心自己做得不好看？怎么办啊？"，引导孩子说出"那我们可以像 Lucky 熊一样试一下啊"。如果孩子也很发愁，那么就需要由父母来鼓励了，"那我们像 Lucky 熊一样，尝试一下吧。"

做完之后，父母要肯定孩子："你看，之前我们都没做过面粉小人呢，现在做得多好看。所以啊，遇到不会的事情，我们要'勇敢一点我不怕，尝试一下很简单'呢。"

让孩子在游戏中领悟到，很多事情都是从不会到会的，只要勇敢去尝试，就可以不断进步。

亲子情商家庭教育策略

（1）孩子观察学习的时间

> **案例**
>
> 上一百堂美学课，不如让孩子自己在大自然里行走一天；教一百个钟点的建设设计，不如让学生去触摸几个古老的城市；讲一百次文学写作的技巧，不如让写作者在市场里头弄脏自己的裤脚。

孩子的能力培养，关键在于尝试和实践，只有在一次次尝试与实践中学习，吸取经验，孩子的能力才会不断提高。而随着能力的提高，孩子也会变得更加自信，从而更有勇气去尝试新的事物，形成一个良性循环。

但不同的孩子面对陌生事物和环境表现各异，有些孩子充满好奇，热衷于主动探索尝试。有些孩子敏感害怕，对于不熟悉或者没把握的事情不会轻易去做，会本能地表现出退缩、胆怯、不敢上前，这些均属正常现象。

在"害怕快快离开我"一节中讲过这种情绪，面对未知我们会本能地感到恐惧。而一旦经过较长时间的观察、了解、判断，当确定这件事情对自己没有伤害之后，孩子就会试探性地进行尝试，最后验证预期的伤害和担忧没有发生，孩子便自然而然地敢于进行第二次尝试。

因此，在引导孩子进行初次尝试的时候，父母需要仔细观察，根据不同孩子的情况因材施教进行培养。例如谨慎的孩子就需要父母循循善诱，当他确信自己可以学会这件事情或者事情不会对自己构成伤害时，他便会开始不断学习、尝试。

父母千万不要强迫孩子尝试，不然可能会造成孩子更加焦虑抗拒，甚至拒绝再接受新鲜事物的结果。允许他们慢一点，给他们一些时间，循循善诱，自然水到渠成。

情商语言	➤ 哦，你没做过这件事情是吧，没关系，我们先看看其他小朋友是怎么做的。 ➤ 来，妈妈和你一起做，我们先把手…… ➤ 宝贝，放松一点，妈妈在这里陪你一起看呢，可以试一试，勇敢一点我不怕，尝试一下很简单。 ➤ 看，其实一点都不难对不对，你可以做到的。

（2）不要急于求成

让我们先来看一个例子：

案例	嘟嘟喜欢上了弹钢琴，妈妈就给他报了个钢琴班，他在家里练琴的时候，妈妈会时不时说"弹错了""不能这么弹"，当妈妈发现嘟嘟不高兴了，就会鼓励他："没事没事，刚开始练嘛，错了不要紧，继续练就好。"但是一段时间后，嘟嘟弹琴的时候会要求妈妈去阳台，不要在客厅里。如果妈妈不走，他就不弹。

在孩子最初进行尝试的时候，父母不要对孩子抱有太高的期待。当父母内心有了期待，而孩子没做到的时候，即使嘴上不说，但从表情、语调等方面都会传递出失望或不满的情绪，孩子会很敏锐地捕捉到，从而对他们造成心理压力，继而抗拒去做这件事。

记住，在最开始的时候，目标只有一个，就是让孩子爱上做这件事，愿意去做这件事情。这也是一些课外兴趣班在最开始的阶段，以游戏、互动为主的原因。这是在调动孩子的兴趣点，让他们开心，当他们愿意去做，才有可能做好。

（3）为孩子创造成功体验

失败会降低自我价值感，屡次尝试失败更是会对孩子的内心造成打击，为了避免这些不愉快的体验，孩子更愿意去做自己熟悉且有把握的事情，不愿意尝试多次失败的事情。因此，父母就要多为孩子制造成功的愉快经历。

此时，父母要避免一种认知误区：勇敢尝试的事情一定是很难的，孩子肯定不会做。不是的，孩子第一次做的事情都是一种勇敢尝试，比如第一次擦桌子、第一次倒垃圾、第一次自己洗手，这些都是一次勇敢尝试。由简入繁，比如摆筷子、扔垃圾、倒水……从这些小事做起，更容易给孩子建立成功体验。

孩子做好之后，父母一定要大力肯定孩子："哇，宝宝，你看，你第一次摆筷子就可以把筷子摆得这么整齐，妈妈太高兴了。""哇，你第一次刷牙，就把牙齿刷的亮晶晶的。"

让孩子多次感受"初次尝试"的成功体验，觉得"尝试真的一点都不难"，如此增加孩子对"尝试"的信心，从而愿意主动去尝试去实践，才能发展能力，提升自我。

第五节　多多练习会成功

> 当孩子年龄较大之后，他就应该能去做天性中所不敢做的更勇敢的事。最初要帮助他，逐渐让他去做，直到练习产生了较大的自信力，做的好了为止。
>
> ——约翰·洛克

情商信念 —— 多多练习会成功

儿童情商故事

独轮车比赛

情商森林下个月要举行独轮车比赛了，Lucky 熊一听到这个消息，赶紧把手举得高高地，想要报名。

羞羞兔、小猴跳跳、小花猫也报名了，放学之后，他们都在操场上一起练习！

"Lucky 熊，你也来练习一下吧！"羞羞兔边练习边和 Lucky 熊打招呼。

"不用了，不用了，我会骑。今天艾维尼妈妈做了蜂蜜蛋糕，我要赶紧回家吃。拜拜。"说完，Lucky 熊像风一样地跑回了家。

接下来的几天，小伙伴们还是在操场上练习，但是 Lucky 熊不是躺在大树下睡觉，就是拿着一根狗尾巴草追着蝴蝶跑。

羞羞兔想：Lucky 熊一定骑得很好，我们得多多练习才行。

还有一个星期就比赛了，Lucky 熊准备把独轮车放在门口，比赛那天就不用找了。可是他找了半天，独轮车呢？怎么不见了。

Lucky 熊想啊想啊，对了，床底下，上次好像看见艾维尼妈妈把一个大盒子藏在床底下了。Lucky 熊赶紧往床底下一看，真的在这里。

他把盒子拉了出来，好多灰啊。

Lucky 熊边擦独轮车，边念着："我们就要去比赛咯，我们要拿第一名。"擦完独轮车，把脚放在踏板上，一骑。

"哎哟！"Lucky 熊摔了下来，栽了一个大大的跟头。好痛啊！

"怎么回事呢！是轮子有问题吗？"Lucky 熊趴在地上看看轮子，又看看脚踏板，都没有问题啊。

"那我怎么会摔下来呢？明明我会骑了啊！"Lucky 熊挠挠脑袋，"应该是意外。再来一遍。"

Lucky 熊又把脚放上去，这次刚骑出去没几步，快到墙角了，Lucky 熊一个转弯没控制好，又摔了个大跟头。

哇！Lucky 熊这次痛得哇哇大哭。

怎么回事啊，我明明学会了独轮车啊，怎么又不会骑了啊？

下周要比赛了，我该怎么办啊？

艾维尼妈妈听到了 Lucky 熊的哭声，赶紧从书房出来，把 Lucky 熊从地板上抱了起来，轻轻地拍着 Lucky 熊的后背。

"妈妈，我不是已经学会骑独轮车了吗？怎么还会摔倒呢？"Lucky 熊一脸委屈地看着妈妈问道。

"Lucky 熊，你有多久没有练习过骑独轮车了啊？"

"1，2，3…"Lucky 熊掰着手指在数，手指都不够用了，他不好意思地说："妈妈，我好久没骑了。"

"是啊，如果妈妈好久没有做你喜欢的蜂蜜蛋糕的话，妈妈也会忘了要放多少蜂蜜，也会忘了是先放鸡蛋还是先放面粉。所以妈妈要经常做给你吃，才知道怎么做啊。"

"妈妈，我知道了，我也要多练习才能做好。一件事情不是学会了就永远都会的，还要不断练习。"Lucky 熊眼睛直溜溜地看着独轮车。

"是的，学会做一件事情之后呢，我们就要经常做，多多练习才会做得越来越好。"艾维尼妈妈摸着 Lucky 熊的脑袋说。

"多多练习才会成功。妈妈，我知道了。我要再练练。"Lucky 熊从妈妈怀里跳了下来，开始在客厅里练习骑独轮车。

那天晚上，Lucky 熊一直练习到很晚。

第二天，太阳刚刚起床的时候，Lucky 熊也起床练习了。

在后面的几天里，Lucky 熊练习得也非常认真！

终于到了比赛的那一天，Lucky 熊的独轮车表演非常精彩，他骑着独轮车好几个转弯都让大家惊讶地站起身来鼓掌。

最后，虽然 Lucky 熊只得了第三名，可是他非常开心，因为这是他自己不断练习之后取得的好成绩！

站在领奖台上，他默默地对自己说："下次比赛，我一定要练习更久，争取夺得第一名。"

亲子情商讨论

请父母带着小朋友一起讨论以下问题：

➤ 为什么Lucky熊最开始不练习独轮车呢？

➤ 为什么Lucky熊不会骑独轮车了呢？

➤ Lucky熊为什么能得第三名？

➤ 下次比赛，Lucky熊想要得第一名，要做什么呢？

亲子情商游戏 —— 豆豆回家

游戏规则：

- 将 20 颗红豆和 20 颗绿豆混在一起装进盘子里。
- 用筷子将绿豆夹进绿色的杯子，将红豆夹进红色的杯子。
- 先进行第一轮计时。
- 练习几次之后，开始第二轮计时。

注意：第一轮计时之后，可以和孩子一起讨论"你想要更好的成绩吗？有什么办法呢"？引导孩子说出"多多练习会成功"，继而开始练习。再对比第二次成绩，和孩子一起讨论"为什么第二次计时成绩会比第一次好呢?"通过游戏体验，让孩子充分感受到练习之后的进步和提高，增加孩子练习的成就感和动力。

亲子情商家庭教育策略

（1）不要高压强迫孩子练习

> 天才总应该伴随着那种导向一个目标的、有头脑的、不间断的练习，没有这一点，甚至连最幸运的才能，也会无影无踪地消失。
>
> —— 德龙克罗瓦

多多练习是孩子掌握一门技能非常重要的步骤，孩子通过勇敢尝试，收获一种美好的体验，继而会继续尝试第二次，多次的练习之后便会掌握一种能力，而多次重复这一过程，便是孩子成长提高的过程。

这个道理大家都知道，这也是很多父母抓着孩子练习的原因，有时候甚至不管孩子愿意不愿意，强迫式地要求孩子练习，让孩子处于被迫练习的状态中。

有的父母认为"小时候吃点苦，熬一熬，长大就有好未来了"。然而，很多孩子不仅没有熬过去，还会在高压下产生身体和心理问题，得不偿失。

因此强迫孩子练习不一定能带来好结果，但一定会破坏亲子关系，影响孩子心理。

（2）耐心陪伴孩子走过起步阶段

任何一种能力的学习都有一个从不会到会的过渡阶段，如果没有很好掌握，那只是目前还没有足够的练习而已。

但这个过程对部分孩子来说是充满困难和挑战的，他需要比别的孩子花费更多的时间观察与练习，也就意味着，他需要经历更多的失败体验。

除非孩子本身具备很强的抗挫折能力，不然每一次失败对孩子来说都是一次打击。有些孩子坚持不下去，就会选择放弃，而一旦孩子一而再再而三地放弃就会发展成遇见困难就放弃的行为习惯。

这就需要父母们在孩子学习的起步阶段，在旁边给予支持，给孩子足够的时间和耐心，陪着他一起坚持下去。

这也是很考验父母的情商能力的，有时候看到孩子没做好，父母比孩子还着急，恨不得自己上手。这就需要父母调整情绪，保持平和的心态，接纳孩子目前的不如意，不然父母的焦虑会传达给孩子，增加孩子的压力，最后越做越差。

孩子最终做好一件事情，不仅仅收获了一种能力，更是培养了"只要多多练习就可以不断进步，更有可能收获成功"的认知，这非常有利于培养孩子的问题解决能力、自信心和挫折抵抗能力。

> 来，妈妈再陪你试一次，多多练习一定会成功！加油。
> 这一次没做好，怎么办？要不要再继续呢，好的，我们一起再努力。
> Lucky熊学独轮车都练习了好几天呢，我们现在才练习两次，来，再来练习第三次吧。
> 注意：只要孩子开始再练习，即使有情绪，即使做得不好，也要肯定他练习的意愿和行为。

情商语言

（3）关注进步点，增加孩子成就感

大多数父母培养孩子都是带着期望和标准的，一旦期望和现实有较大落差，往往容易产生焦虑、失望的情绪，继而让孩子加大练习力度，时刻盯着孩子没有做好的地方，如果再不达标便是加倍指

责、惩罚，这些方式会让孩子产生畏惧心理，从而扼杀孩子练习的兴趣和信心。

因此要反过来，发现孩子提高的地方，肯定孩子的进步点，让孩子高兴，看到练习是有效的，孩子才会愿意继续练下去。

对此，父母可以用情商技巧"多多练习五步曲"来鼓励孩子多多练习。如下图所示。

✐ 多多练习五步曲

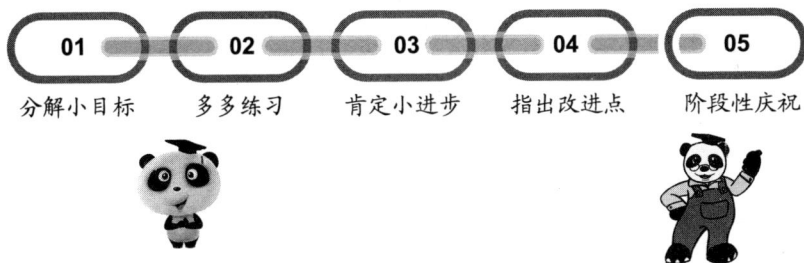

01	02	03	04	05
分解小目标	多多练习	肯定小进步	指出改进点	阶段性庆祝

第一步：分解小目标。

父母可以根据孩子的情况分解目标。这个目标是和孩子一起设定容易实现的短期目标，也是孩子只要努努力就能实现的行为结果。

第二步：多多练习。

父母之后便要鼓励孩子多多练习，当孩子松懈或者偷懒的时候，就可以为他打气"多多练习会成功"。

第三步：肯定小进步。

在练习的过程中，对于孩子做得比之前好的地方，父母就要准确地鼓励和表扬，让孩子知道自己在进步，这样他才会相信练习的力量。

第四步：指出改进点。

对于孩子做错的地方，父母直接指出来并给出改进建议，不要翻旧账。千万不要说"跟你说了多少遍，这里要这么做，怎么就是记不住"这样的话，客观指出孩子可以怎么做就好。之后注意观察孩子练习的情况，只要孩子改正便立刻给予正向的肯定，让孩子知道，父母在时刻关注他。

第五步：阶段性庆祝。

当孩子取得一定成果的时候，父母可以和孩子一起庆祝，目的是给孩子提供更多坚持练习的愉快感受，阶段性的庆祝仪式是一个非常不错的方式。

孩子看到坚持练习的意义，才会更愿意练习。而随着孩子能力的提高，孩子的独立性自然就培养起来了。

一个慢慢独立的孩子，就能慢慢长成强大的孩子。

第五章

同理心——每个孩子的内心都有一颗温暖的种子

▌第一节　认识同理心

> 从根本上说，关怀起源于情绪的协调性，起源于同理心。
>
> ——丹尼尔·戈尔曼

施暴犯罪者大多缺乏同理心

当一个孩子摔倒之后哇哇大哭，只要留意就会发现，旁边的孩子表现各异：

有一类孩子在一旁看着他，没有反应，或者直接离开。

有一类孩子会赶紧去扶他，去告诉这个孩子的父母，去吹他的伤口，或者着急地自己流眼泪。

有一类孩子会在一旁哈哈大笑，甚至鼓掌笑话他。

如果你是这个摔倒的孩子，你会选择和哪个类型的孩子交朋友呢？

答案很明显，一定是第二类孩子，他们会关心你、帮助你，会因为你受伤而心疼难受。

而对于第三类孩子，可能你以后都不太愿意和他相处了，觉得这个人一点同情心都没有，还落井下石，甚至冷酷无情。

其实从心理学角度来讲，第三类孩子的表现是因为缺少同理心，对于他人的情绪情感状态感受不到或者不深，自然体会不到他人的痛苦，于是产生自顾自的行为，加重对他人的伤害，长此以往是很可怕的。

　　犯罪心理学家经过研究发现，很多罪犯都是因为缺乏同理心，感受不到他人的痛苦，才会残忍施暴。可见，从小培养孩子的同理心非常重要。

情商小知识

　　同理心一词是由心理学家铁钦纳最早使用的，指的是个体对他人困惑的身体模仿，个体通过模仿引发相同感受，后来理论不断发展，如今的意思更为直观，是指了解他人感受的能力。

　　研究发现，同理心起源于婴儿时期，比如孩子看到别的孩子流眼泪，他也会抹眼睛；看到别的孩子手指受伤，他也会把手指放到自己嘴巴里看看是不是也受伤了。年龄再大一点，看到别的小朋友哭，他会拿饼干或者拿玩具去给哭泣的小朋友玩，试图哄他开心，这就是孩子最初的同理心发展。

　　丹尼尔·戈尔曼先生在著作中指出，通过识别他人的情绪，进而调节他人情绪的能力是处理人际关系艺术的核心，这项能力源于个体同理心的发展。同理心就存在于人际互动中，小到谈情说爱、养儿育女，大到国家决策、政治行动，都需要同理心的参与，它在我们的人生中发挥着重要的作用。

让我们来看下面这个案例。

> **案例**
>
> 　　虎先生和牛太太结婚了，牛太太非常心疼虎先生每天早出晚归的，想为他做出最美味的晚餐。于是她在晨曦出门，采下一篮子还带着朝露的嫩青草，到晚上虎先生归来时，用最漂亮的盘子装上，放在饭桌上。
>
> 　　虎先生望着这盘翠绿的青草，想着新婚妻子起早为自己采来她最爱的青草，内心是感动的，于是便大快朵颐起来。看着虎先生一脸满足的模样，牛太太想着明天要更早一点，再采多一点。
>
> 　　就这样，连着过了两年，虎先生受不了了，要分开，牛太太满腹委屈，这两年，自己都将最嫩绿的青草给虎先生了，他为什么还不满足，还觉得自己不好呢？

请大家思考一下（见下图）：

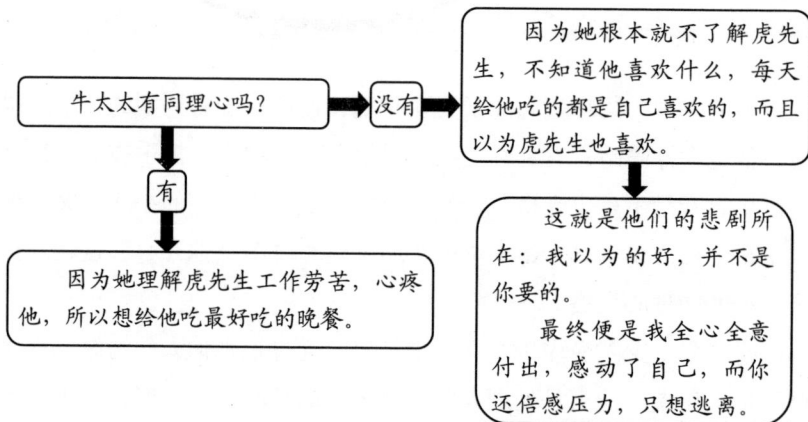

```
┌──────────────────┐       ┌────┐      ┌──────────────────────┐
│ 牛太太有同理心吗？│ ───▶ │没有│ ──▶ │ 因为她根本就不了解虎先 │
└──────────────────┘       └────┘      │ 生，不知道他喜欢什么，每天│
          │                            │ 给他吃的都是自己喜欢的，而且│
          ▼                            │ 以为虎先生也喜欢。        │
      ┌──────┐                         └──────────────────────┘
      │  有  │                                    │
      └──────┘                                    ▼
          │                            ┌──────────────────────┐
          ▼                            │ 这就是他们的悲剧所在：│
┌──────────────────────┐              │ 我以为的好，并不是你要的。│
│ 因为她理解虎先生工作劳苦，│            │                        │
│ 心疼他，所以想给他吃最好吃│            │ 最终便是我全心全意付出，│
│ 的晚餐。              │              │ 感动了自己，而你还倍感压力，│
└──────────────────────┘              │ 只想逃离。              │
                                      └──────────────────────┘
```

因此，真正的同理心应该有两个层面，如下图所示。

能够理解感知他人的情绪感受

做出符合对方需求的积极反馈和行为

　　可以简单理解为，及时理解对方，并做出对方想要做的事情，而不是你想要的事情。当然，做事情的前提是符合你的价值观和意愿，不是委曲求全。

▌第二节　你的心情我在乎

> 最能施惠于朋友的，往往不是金钱或一切物质上的接济，而是那些亲切的态度，欢悦的谈话，同情的流露和纯真的赞美。
>
> ——富兰克林

情商信念 —— 你的心情我在乎

儿童情商故事

Lucky 熊心情不好

这一天，天气晴朗，风和日丽，这么好的天气，Lucky 熊却没有出门，这可真奇怪。

羞羞兔一蹦一跳地来到 Lucky 熊房间的窗户前，大喊："Lucky 熊，今天很凉爽，风都快把我吹起来了，不如我们去放风筝吧！"

Lucky 熊用手托着脸，平时黑溜溜的眼睛今天一点光也没有。他摇摇头，不说话。

"那我自己去了！Lucky 熊今天真奇怪！"羞羞兔拿着风筝跑了。

小乌龟慢悠悠地来到 Lucky 熊房间的窗户前，说："Lucky 熊，今天河水很清澈，我都可以看到水底游来游去的鱼了，不如我们去划船吧！"

Lucky 熊的眉毛皱在一起，平时亮晶晶的眼睛一点精神也没有。他摇摇头，不说话。

"那我自己去吧！Lucky 熊今天真奇怪！"小乌龟自己来到了河边，河水就像镜子一样，水里面也有一只小乌龟。

这时，羞羞兔拿着风筝来到了河边，看到了小乌龟在玩儿，于是就和小乌龟打招呼，并讲了去找 Lucky 熊时发生的事情。两个小伙伴坐在河边，一起皱着眉。

小乌龟的眼睛滴溜溜地转着，突然激动地说："我知道了，Lucky 熊一定是不开心了，每次我不开心的时候，我也什么都不想玩！"

"是的是的，Lucky 熊一定是不高兴了，他皱着眉头，一点精神也没有。"羞羞兔歪着头说，"我有办法了。"

小乌龟和羞羞兔又一起来到了 Lucky 熊房间的窗户前。

"Lucky 熊，你吃一根胡萝卜吧！每次我不开心，吃一根胡萝卜，心情就好了！"羞羞兔拿出一根又红又脆的胡萝卜，放在 Lucky 熊面前。

"Lucky 熊，我们去游泳吧，每次我心情不好，就在水里泡着，一会儿就舒服了！"这会儿小乌龟只想着帮助 Lucky 熊高兴起来，都忘了 Lucky 熊是不会游泳的。

"唉！"Lucky 熊的眉头皱得更紧了。

这可怎么办啊？小乌龟急得团团转。开始使出浑身解数，跳舞、唱歌、讲笑话，可是 Lucky 熊还是皱着眉头，差点要把窗户关起来了。小乌龟不出声了。

而羞羞兔看了一会儿，就一溜烟跑不见了。

"Lucky 熊，你不开心，我就在这里陪着你，你想要我做什么就告诉我哦。"小乌龟静静地趴在 Lucky 熊房间的窗户旁边。午后的太阳照得人昏昏欲睡，不一会儿，小乌龟就睡着了。

过了好一会儿，一阵香味飘了过来。

"Lucky 熊。这是你最喜欢吃的草莓蛋糕，你吃一点吧，不开心的时候吃最喜欢的东西，心情就会变好的。"羞羞兔的脸上粘满了蛋糕粉，对 Lucky 熊说道。

原来她是跑回家去做 Lucky 熊最喜欢的草莓蛋糕了啊！

Lucky 熊笑起来了，不是因为蛋糕，而是小伙伴们的关心。

"谢谢你，羞羞兔，小乌龟，谢谢你们这么关心我，看我心情不好，你们就一直想办法逗我开心。谢谢！"

"我们是好朋友啊，你的心情我在乎。"羞羞兔把蛋糕端到 Lucky 熊面前。

"赶紧吃吧，可香了。"

于是，三个小伙伴一起吃起了蛋糕，笑声传了好远好远。

亲子情商讨论

请父母带着小朋友一起讨论以下问题：

➤ Lucky熊为什么不和羞羞兔和小乌龟去玩呢？
他是怎么了？

- -

➤ 羞羞兔和小乌龟刚开始用什么办法让Lucky熊
开心起来呢？有效果吗？

- -

➤ 羞羞兔做了什么事情让Lucky熊开心起来了呢？

- -

➤ 当朋友不开心了，我们可以做些什么事情呢？

- -

亲子情商游戏 你的心情我知道

游戏规则：

①和孩子一起观看下图中不同角色的表情图，并在方框中填上相应表情的名称。

②引导孩子进行思考。

- 他的心情是怎么样呢？
- 你是怎么知道的啊？
- 他可能是发生了什么事情？

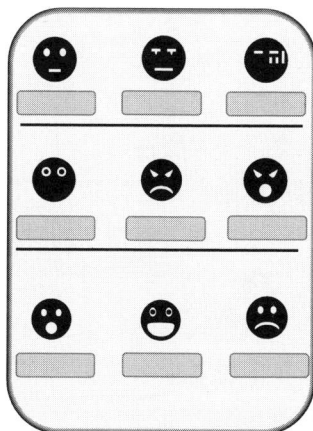

注意：该环节主要是让孩子通过观察别人的表情来判断别人的情绪，尝试猜想情绪产生的原因，可以分析多种原因。

亲子情商家庭教育策略

（1）引导孩子正确识别自己的情绪并与其情绪协调

同理心的基础是自我意识，我们对自己的情绪越是开放，就越善于理解情绪，如果连自己的情绪都无法清晰认识，当别人向自己表达情绪感受的时候，也会感到困惑和不理解，更谈不上同理他人了。

因此当孩子有情绪时，父母可以引导他认识情绪、管理情绪。同时，做好和孩子的"情绪协调"。对于情绪协调，心理学家丹尼尔·斯特恩是这样解释的，情绪协调是指当孩子出现情绪时，需被待之以同理心，会为人所接受并得到回应。

简单来说，就是当孩子笑的时候，父母要和他们一起拍手鼓掌微笑；当孩子伤心难过时，父母要表示出父母知道他的难过并且安慰拥抱他，父母的情绪和孩子的情绪是协调一致的、同频的。

如此，孩子就会感受到"我的情绪父母是可以理解的，父母也会和我互动，所以我是可以和父母分享情绪的"。这不仅有利于孩子的身心健康，而且能让孩子顺利发展人际关系。

而当孩子高兴地盯着父母想要回应的时候，父母故意回避或者表示冷漠，孩子伤心了，父母却觉得无所谓甚至呵斥孩子不应该哭泣。起初孩子会感到困惑和不知所措，久而久之，孩子就会开始回避表达自己的情绪，甚至不愿意再去感受情绪。

如此一来，孩子很自然地会缺乏同理心，因为当他们有情绪的时候都是被忽视对待的，那么当他人有情绪的时候，孩子自然也会选择忽视，也不知道如何去处理。

孩子会学习父母的反馈模式。例如孩子的作业本被撕坏了一个角在伤心哭泣，父母却对孩子说"有什么好哭的，不就是个小口子吗，让你保护好自己的东西就是不听"。

下一次，当别人的东西丢了或者坏了，孩子也学会了用这种方式去回应——"有什么好哭的，不就是个小东西吗，真是个爱哭鬼。"

这不就是缺乏同理心的典型表现吗？

因此，面对孩子的情绪时，我们要先接纳，及时引导舒缓，关键是要和孩子进行情绪协调，让孩子养成健康的情绪管理机制。

（2）引导孩子学会换位思考，设身处地感受对方境况

换位思考可以让我们最大可能地感受对方的情绪，从而设身处地地思考对方的现状以及真正的需要。

但对于孩子来说，这是比较难的能力。因为孩子需要发展自我意识，更多的时候是从"我"出发，行为表现最开始是遵循内心真实的想法和需求，不会第一时间考虑到"你"或"他"。因此，父母可以通过角色扮演、情景表演等情商游戏，让孩子置身于对方的境况，让他来面对别人嘲笑，感受一下别人的情绪，让孩子体验在困境中是什么感受，希望别人怎么做。

父母可以用情商技巧"换位思考四步曲"进行训练，如下图所示。

换位思考四步曲

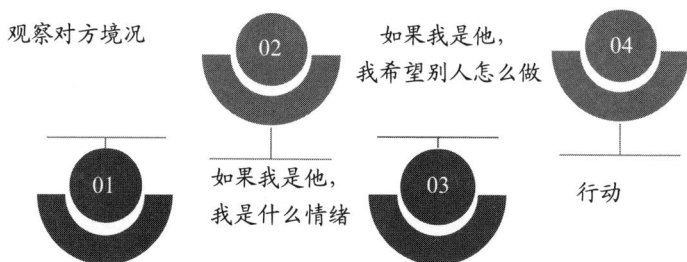

观察对方境况　　　　02　　　　如果我是他，
　　　　　　　　　　　　　　　我希望别人怎么做　　　　04

01　　　　如果我是他，　　　　03　　　　行动
　　　　　我是什么情绪

第一步：观察对方境况。

首先，观察对方目前发生了什么事情，周围环境怎么样，只有了解清楚，才知道具体事实是什么，不要贸然上前，有时候会适得其反。

第二步：如果我是他，我是什么情绪。

此时，便要开始引导孩子进行想象，如果我是他，在我身上发生了这样的事情，我会是什么心情呢？

有时候换位思考没有效果，便是在这个环节出了问题，孩子根本感受不到对方的情绪。比如父母想让一个在城市长大的孩子感受到农村生活的艰苦，便带着孩子到农村体验生活，可是孩子感受到的是与之前不一样的好玩有趣的体验，还埋怨父母不经常带他们到农村玩。这可好，目的没达到，还增加了孩子更多埋怨不满。

因此，我们一定要先明确孩子的真实情绪体验是什么，再来创造环境，引发他们的情绪感受。要体验农村的艰苦，那就需要找到适合的艰苦环境，充分融入当地生活，并且生活一段时间。有时候，这个过程会比较长，而且会出现反复，需要父母有很大的耐心和信心。

第三步：如果我是他，我希望别人怎么做。

情绪到位，自然便会知道别人此时面对这个场景时内心的需求是什么，由此父母可以引导孩子来分析，如果孩子是那个人，孩子现在希望那个人做什么，不做什么。

第四步：行动。

同理心不仅是要正确感受对方的情绪，还要进一步做出对方希望的行为，而不是站在自己的立场上去想当然地认为怎么做是为对方好。当孩子判断出对方此刻需要什么之后，就可以去行动了。

如果孩子不清楚对方的需要，可以去询问："你希望我现在做什么事情呢？""我怎么做能帮到你呢？"

当然，在对方提出需求的时候，要先判断是否符合"不伤害自己，不伤害他人，不伤害世界"的原则，再进一步判断自己有没有能力去完成，不要随口答应帮助完成他人的需求，这是对自己和他人负责。

要根据自己的能力去做能做的事情，对方才有可能得到真正的帮助，而孩子的同理心也才会真正地培养起来。

第三节　快乐分享

> 如果你把快乐告诉一个朋友，你将得到两份快乐，而如果你把忧愁向一个朋友倾诉，你将被分掉一半忧愁。
>
> ——培根

情商信念 —— 快乐分享，分享快乐

儿童情商故事

Lucky 熊有一个笑话

Lucky 熊有一个笑话，这个笑话可好笑了，如果听到这个笑话，保证会笑得在地上打滚。

羞羞兔很想听这个笑话。

"Lucky 熊，听说你有一个笑话，你可以和我分享吗？我也和你分享我最喜欢吃的胡萝卜。"羞羞兔拿出一根胡萝卜问道。好新鲜的胡萝卜啊，还带着早晨的露珠呢！

"才不要呢，和你分享了之后我就没有笑话了！"Lucky 熊像摇拨浪鼓一样摇着头。羞羞兔垂下了耳朵，走开了。

小花猫也很想听这个笑话。

"Lucky 熊，听说你有一个笑话，你可以和我分享吗？我和你分享我最喜欢的小汽车。"小花猫拿着一辆玩具小汽车问道。好威风的小汽车啊，还带着远程遥控器呢！

"才不要呢，和你分享了之后我就没有笑话了！"Lucky 熊像摇拨

浪鼓一样摇着头。小花猫耷拉着脑袋，走开了。

小黄鹂也很想听这个笑话。

"Lucky 熊，听说你有一个笑话，你可以和我分享吗？我和你分享我最喜欢的歌。"说着小黄鹂唱起了歌，好优美的歌声啊，就像小溪唱着叮咚的歌。

"才不要呢，和你分享了之后我就没有笑话了！"Lucky 熊像摇拨浪鼓一样摇着头。小黄鹂停止了歌唱，走开了。

Lucky 熊和谁都不愿意分享自己的笑话，可是他觉得，这个笑话想要从嘴巴里蹦出来。

于是，Lucky 熊自己给自己讲笑话，可是讲着讲着他就觉得没意思了，如果羞羞兔在这里一定会笑得捂住肚子；如果小花猫在这里一定会笑得在地上打滚；如果小黄鹂在这里一定会笑得不断扑翅膀。

第二天，Lucky 熊一来到教室，小乌龟就过来了，他也很想听这个笑话。

"Lucky 熊，听说你有一个笑话，你可以和我分享吗？"小乌龟刚想拿出最喜欢吃的小鱼饼干，Lucky 熊就露出大大的笑脸说："当然可以啊，我们把羞羞兔他们叫来一起听吧！"

等小伙伴们都到了，Lucky 熊就开始讲起了笑话。

"哈哈哈。"羞羞兔笑得捂住了肚子，小花猫笑得在地上打滚，小黄鹂笑得不断扑翅膀，小乌龟笑得躲在壳里了。Lucky 熊也笑得小肚子一鼓一鼓的。

原来和大家分享笑话会这么开心啊，比一个人讲笑话有趣多了。

亲子情商讨论

请父母带着小朋友一起讨论以下问题：

➤ Lucky熊最开始为什么不愿意和小伙伴们分享
　笑话啊？

➤ 最后Lucky熊和小伙伴们分享笑话了吗？

➤ 小伙伴们听了是什么反应？

➤ Lucky熊自己的心情怎么样呢？为什么？

亲子情商游戏 —— *金色的房子*

游戏规则：

①和孩子一起观看视频《金色的房子》。（家长可以在网上搜索相关视频）

②引导孩子思考以下问题：

● 小姑娘为什么不邀请大家进房子玩？

● 小姑娘为什么有那么多玩具还不开心呢？

● 小姑娘最后邀请大家进房子玩了吗？她开心吗？

● 小朋友之间一起分享开心吗？

注意：本环节是通过视频游戏强化孩子的分享意识，体会到分享是一件充满快乐的事情，可以让孩子收获更多的友谊和快乐，从而激发孩子的主动分享行为。

亲子情商家庭教育策略

（1）分享行为要遵循孩子的心理发展特点

俞敏洪先生建议大学生在大学时代的一个要点，就是要跟同学们分享自己所拥有的东西，感情、思想、财富，哪怕只是一个苹果也可以分成六瓣，大家一起吃。因为这样做你将来能得到更多，你的付出永远不会白费。

这就是分享的重大力量，分享是一种亲社会行为，是一个孩子社会性发展萌芽的开端，具有分享意识的孩子就会开始察觉关心别人的思想和感情，会克服以自我为中心的本性，更愿意帮助别人。培养孩子的分享行为有利于他们更好地进行同伴交流、团队合作等亲社会性活动，为孩子之后的发展奠定良好的基础。

大多数父母都非常重视这个问题。在培养过程中，父母要避免陷入两个误区。如下图所示。

误区一：为了获得外界夸奖而分享
　　分享的意义在于从心里感受到分享的快乐，从而达到心灵沟通的美好感受和满足人际交往的心理需求，而不是为了他人的评价。

误区二：分享不遵循孩子的心理发展特点
　　大部分孩子在三岁之前并不具备良好的与人相处的社交技能和分享意识，因为这个阶段他们最重要的是发展自我意识，形成"我"的概念，而且有一个"幼儿所有权原则"。

误区一：为了获得外界夸奖而分享

培养孩子的分享意识，不是为了让大家夸孩子大方或者不抠门，不是为了让别人说孩子不小气，分享的意义在于让孩子在这个过程中处理好人际关系，从心底感受到分享的快乐，从而达到心灵沟通的美好感受并满足人际交往的心理需求。这才是分享的积极意义，而不是为了他人的评价。

误区二：分享不遵循孩子的心理发展特点

让我们来看下面这两个案例。

> **案例**
>
> 　　两岁半的珠珠在商场玩，拿着几个玩具玩得很高兴。另一个小朋友过来了，也想玩，可是珠珠就是不愿意给，妈妈生气了，觉得孩子怎么不愿意分享呢？于是边把玩具直接拿过来给别的小朋友，边教育珠珠说："这不是你的，你要分享啊，快，给大家一起玩。"
>
> 　　三岁的小白在吃猕猴桃，爸爸过来说："给爸爸吃一点吧。"可是小白拿着猕猴桃跑开了，爸爸心想，这是自己特地带回来给孩子吃的，但是他却一点都不愿意给自己吃，又想起自己平时对孩子的各种付出，担心如果小白以后太自私了，怎么办？

其实父母没必要担心，孩子在这个年龄段，这样的行为和态度并不代表孩子自私，这是一个孩子必经的心理过程。

大部分孩子在三岁之前并不具备良好的与人相处的社交技能和分享意识，因为这个阶段的他们最重要的是发展自我意识，形成我的概念，而且有一个"幼儿所有权原则"。如下图所示。

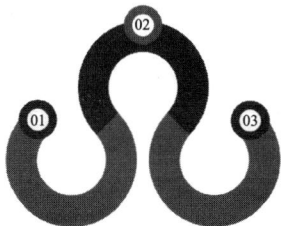

幼儿所有权原则

① 我看见的东西就是我的。

② 你的东西如果我想要，也是我的。

③ 如果它是我的，它将永远属于我。

因此，当孩子不愿意分享时，没关系，不要强迫他。随着孩子社会性的发展，当他的分享意识开始萌芽的时候，父母再来把握教育契机，进行积极引导。

如果是别人的物品，那就需要还给别人，孩子有情绪的话，父母要引导孩子管理好情绪，然后平和地告诉他，物品是属于谁的，让他了解清楚现实就好。这件事只关于认知，而不能代表孩子的品行有问题。

（2）遵循分享原则，建立分享的积极感受

引导孩子分享，千万不要强迫，要教会孩子分享需要遵守四个基本原则。如下图所示。

分享四原则

不愿意分享
可以不分享。

自己的东西才可
以决定是否分享。

原则一　原则二　原则三　原则四

别人的东西需经过
主人同意才能分享。

隐私、秘密、贵重
物品不能随意分享。

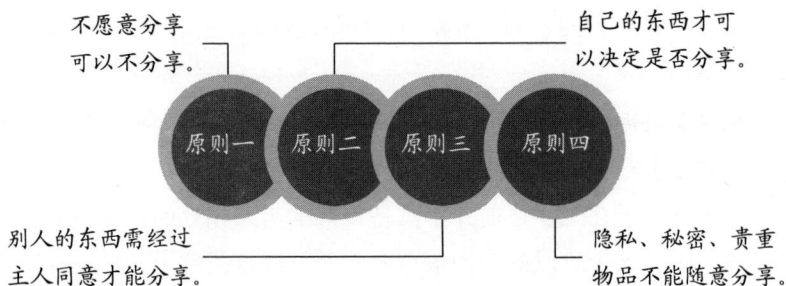

同时在这个过程中，建立孩子关于分享的安全意识。有些孩子不愿分享的原因是害怕分享之后东西就会减少或者不见了，就像分享食物会减少，分享玩具会担心玩具不见了。

针对这一点，父母可以跟孩子在家进行模拟练习，比如邀请孩子分享他的画笔、皮球、积木，父母答应 10 分钟之后还给他，还的时候要特别感谢孩子"这是你刚才分享给妈妈爸爸的画笔，现在还给你，谢谢"！

当孩子明白分享玩具或者物品只是暂时离开自己一会儿，过一会儿会还回来的，他便会形成分享的安全意识，并且在感谢中得到成就感和满足感。

另外，在日常生活中，父母不要经常试探孩子的分享意识，强迫抢过来孩子的物品，或者当孩子分享之后又还给孩子，这会造成孩子思维混乱，不愿主动分享。或者是孩子分享，我们又不要，那孩子被拒绝多次，自然不愿意再次主动分享。

因此，当孩子分享时，父母就愉快地接受。如父母向孩子要糖，孩子给了父母，父母要接过来，将糖放在嘴中，高兴地吃起来，一边吃一边夸赞糖的味道好，并感谢孩子的分享，这对孩子分享意识的建立会起到积极的、正面的作用。孩子从父母吃糖的快乐表情中体会到自己把糖分给别人吃的价值，别人的快乐也感染了他的情绪，这是分享带来的快乐。

（3）多创造环境，进行快乐分享

父母可以在节假日时邀请小朋友到自己家里玩，先征求孩子的意见，邀请谁来，准备拿什么玩具给小朋友玩。为了避免有的小朋友不会分享，父母可以主动与其他父母联系商量，让每个小朋友都带几个好玩的玩具，然后相互交换各自的玩具，让每个小朋友都有分享的意识和分享的机会。父母考虑得周到一点、准备得充分一点，有助于孩子消除戒心、体现公平，更放心地体会与小朋友一起玩的快乐。

父母可以用情商技巧"分享四步曲"先和孩子一起进行分享的准备工作，让分享变得更快乐。如下图所示。

第一步：准备愿意分享的玩具。

在聚会开始之前，父母需要和孩子解释清楚，只有愿意和小朋友分享的玩具才可以带到幼儿园或者朋友家，先和孩子一起把愿意分享的东西先拿出来，准备好。

第二步：保护好不愿意分享的东西。

之后要和孩子讨论，哪些东西是他的专属玩具，是不愿意分享的，那就把它们收好，放在一个隐秘的地方，不要拿出来，也不会轻易被小客人找到，这样就避免了别人要玩，孩子不给，造成的不愉快。

分享四步曲

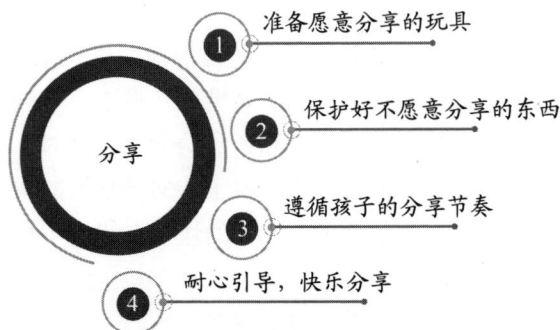

第三步：遵循孩子的分享节奏。

虽然孩子是准备好了分享玩具，增加了分享的可能性和意愿度，但有时候还会出现不分享的情况，此时要尊重孩子的想法，可以用语言进行引导"你是还没有准备好分享吗？那现在你再和你的玩具玩一下，等会儿再分享"。

第四步：耐心引导，快乐分享。

有时父母会很担心，孩子会不会一直不愿意分享，那就需要父母有足够的耐心了，多多为孩子创造快乐的分享环境，不催不急，慢慢引导即可，不要带着太强的任务感。在多次的快乐分享氛围中，孩子本身具有团体学习能力，分享行为自然会随之而来。

▌第四节　你要我也要，商量解决好

> 朋友交好，若要情谊持久，就必须彼此谦让体贴。
>
> ——乔叟

情商信念 —— 你要我也要，商量解决好

儿童情商故事

吵架了

一大早，Lucky 熊和小花猫因为先玩什么游戏而吵了起来。

"先玩捉迷藏。"Lucky 熊早就想好了，春天到了，藏在树林里，还可以听黄鹂唱歌，看小蚂蚁忙碌地搬家。

"先去钓鱼。"小花猫早就想好了，春天到了，坐在湖畔边，还可以闻到野花的芳香，看蝴蝶快乐地飞舞。

"先玩捉迷藏！""先去钓鱼！""捉迷藏捉迷藏！""钓鱼钓鱼！"

天啊，两个小伙伴吵得不可开交，谁也不让谁，越吵越凶。

"哼，我再也不和你玩了，你不是我的好朋友。"小花猫气鼓鼓地跑了。

"我才不和你玩了呢！我们再也不是好朋友了。"Lucky 熊双手叉着腰。

Lucky 熊和小花猫不是好朋友了。

没关系，Lucky 熊和羞羞兔是好朋友。

他蹦蹦跳跳地去找羞羞兔了，他们要一起做一个美味的蛋糕。可

135

是，他们又为先做什么口味的蛋糕吵了起来。

"先做草莓蛋糕。"Lucky 熊早就想好了，甜滋滋的草莓蛋糕，咬一口，就像躺在草莓堆上一样，舒服极了。

"先做胡萝卜蛋糕。"羞羞兔早就想好了，香喷喷的胡萝卜蛋糕，咬一口，就像徜徉在胡萝卜海洋里一样，美妙极了。

"先做草莓蛋糕！""先做胡萝卜蛋糕！""草莓草莓草莓！""胡萝卜胡萝卜胡萝卜！"

天啊，两个好朋友吵得不可开交，谁也不让谁，越吵越凶。

"哼，我再也不和你玩了，你不是我的好朋友。"羞羞兔说着气鼓鼓地关上了门。

"我才不和你玩呢！我们再也不是好朋友了。"Lucky 熊双手叉着腰说。

Lucky 熊和羞羞兔不是好朋友了。

没关系，Lucky 熊和小乌龟是好朋友。每次 Lucky 熊说什么，小乌龟都说好，从来不和 Lucky 熊吵架。

Lucky 熊吹着口哨跑向小乌龟家。

小乌龟家门口有一座桥，那是一座非常小的独木桥，一次只能走一个人，每次 Lucky 熊都要小心翼翼地走过去。

可是，当 Lucky 熊来到独木桥的时候，发现小花猫竟然也在过桥，他也想找小乌龟一起玩。

应该我先和小乌龟一起玩！Lucky 熊赶紧跑上桥去，试图超过小花猫。

"我先过！"小花猫挡在 Lucky 熊前面。

"我先过！"Lucky 熊想要挤到小花猫前面。

小独木桥开始摇摇晃晃了，天啊，站在上面的 Lucky 熊和小花猫也开始摇摇晃晃了！

吓得 Lucky 熊赶紧站好不动，手紧紧地抓住小花猫。

小花猫也赶紧站好不动，手紧紧地扶住 Lucky 熊。

小独木桥不再晃了。

Lucky 熊和小花猫都大大地喘了一口气，放松了下来，一低头，看到两只小手紧紧地牵在一起。

"小花猫，我想和你说声对不起，我应该和你一起先去钓鱼的。这样我们就还是好朋友。"

"Lucky 熊，我也应该和你说对不起，我也应该和你一起先去玩捉迷藏的。这样我们也就还是好朋友。你先过桥吧！"

"不，你先过！""你先过！""你先过！"

天啊，难道他们又要吵起来了吗？

"你们都不要过桥，我过来！"小乌龟慢吞吞地爬过了桥。

"我们一起去找羞羞兔吧！我们都是好朋友。"

三个小伙伴一起朝羞羞兔家里走去，不过，关于玩什么的问题，三个小朋友又开始了。

"小花猫，咱们先玩钓鱼，然后再去捉迷藏！"

"不不不，先玩捉迷藏，然后再钓鱼！"

"咱们还可以先做胡萝卜蛋糕，然后再做草莓蛋糕，最后还可以做个小鱼蛋糕。"

…………

相信羞羞兔见到他们也会很高兴的，因为他们都是好朋友，是可以互相商量谦让的好朋友。

137

亲子情商讨论

请父母带着小朋友一起讨论以下问题：

➤ Lucky熊和小花猫为什么吵架啊？

➤ Lucky熊和羞羞兔为什么吵架啊？

➤ Lucky熊和小花猫在过桥的时候发生了什么
事情呢？

➤ 如果Lucky熊和小花猫都争着过桥，互不相让的
后果是什么？

➤ 最后Lucky熊和小花猫为什么和好啦？

➤ 当我们在和小朋友玩游戏的时候都想先玩，
可以怎么解决啊？

亲子情商游戏 —— 两只小羊过河

游戏规则：

- 布置环境，用胶带在地板上贴出一座独木桥。（只能容下一个
人走）

- 父母和孩子分别扮演两只要过河的小羊（见下图）。

- 两只小羊都走到桥中心。
- 父母扮演要抢先过河的状态。

　　注意：父母在扮演的过程中，要表现争抢—生气的状态，同时观察孩子的反应，引导孩子主动提出商量解决，并逐步引导孩子的谦让行为。

亲子情商家庭教育策略

（1）鼓励孩子勇敢争取

　　《孔融让梨》是中国的传统故事，我们小时候都学习过，也给孩子讲过，主题思想就是教育孩子要懂得谦让。美德本身是一定要弘扬的，但是这个故事在近几年却引发了不少热议，出现了不少不一样的声音。

　　有一次，在某小学的一年级语文考试中，刚好就出现了这道考题，一名小学生在回答"如果你是孔融，你会怎么做"的题目时，答案是"我不会让梨"。

　　结果却被老师打了大大的红叉。

　　这张试卷被孩子的父亲发现后，孩子父亲想不通：这不是一道开放性题目吗？孩子只是说出心里话而已，为什么这个答案是错的呢？

　　作为父母，我们要鼓励孩子"勇敢争取"，同时又要引导孩子

"友好谦让"，两者之间并不冲突。不能一味地只是要孩子"让"，而不让他"要"。

"你是哥哥，你要让给弟弟玩。"

"你这么大了，怎么还和小朋友争呢？"

"妹妹来我们家做客，是客人，你要让着她。"

在这种不情愿的情况下，孩子被迫忍痛割爱，长期处于"被迫谦让"的处境，容易造成孩子压抑自我，甚至不敢争取追求自己的利益和幸福。

按照儿童心理学家鲁道夫·谢弗的说法，长期被要求压抑自己的感受和需求，为他人做出牺牲的孩子，往往对自己的价值估计和判断会比其他孩子低。

因为从小就被强迫谦让，被逼着放弃自己喜欢的东西，慢慢就会给孩子传递了一个信息——我是没有资格拥有我喜欢的东西的，我是没资格去争取我想要的东西的，我是没资格拥有更好的东西的，所以我只能放弃我的需求。

之后孩子就会变得很容易放弃，也不会为自己争取，既然我都没资格拥有，我更加不会去想办法得到。这一切都会局限孩子的发展，也直接影响了孩子的生活质量和幸福指数。

因此父母千万不要强迫孩子谦让，要在孩子自己的意愿下引导。孩子本来就值得拥有更好的，为什么不去争取呢？但是争取要遵循最基本的原则：不伤害自己，不伤害别人，不伤害世界，否则就不是正当争取，而是霸道无理。

争取不代表霸道占有，谦让不等于委曲求全。

（2）谦让行为要遵循孩子的心理发展特点

谦让行为是孩子继分享行为之后发展出来的更加高级的亲社会行为，背后的心理基础是同理心、换位思考、问题解决等情商能力的发展，因此需要循序渐进，切忌操之过急，否则会造成孩子出现"伪谦让"的行为，或者出现失去自我等现象。

父母可以在日常生活中多观察留意，创造一些教育契机，及时引导，因为孩子在日常生活中处于一种自然的状态，所体现出的语言和行为是相当真实的，在此情况下针对孩子的表现进行随机教育能收到良好的效果。

如在餐厅吃饭的时候，餐具不够，可以着急地问孩子："呀，我还没有碗呢。"这个时候如果孩子回答："那我的先给你吧。"或者可以直接问孩子："你的碗可以先给我吗？"如果孩子把碗给你了，你就要给予及时的表扬和鼓励，并向他表示感谢，让他体会到帮助别人分享与谦让的快乐。

如果他不愿意，也没有关系，父母不需要有情绪，或者对孩子形成负面评价，因为孩子并没有错，只是我们希望的行为习惯，他还没有养成而已。

父母保持耐心和信心，抓住每个教育契机，适时进行教育引导，让孩子可以在反复的行为练习中巩固分享与谦让的行为，并转化为自觉的行为。

（3）培养孩子的冲突管理能力

儿童时期的抢玩具，争谁先玩是我们最早面对的冲突。研究发现，在冲突中最能调节自我情感、使用自我转移策略、具有同理心的孩子，也往往是最能与同伴交往，最能维持良好人际关系的孩子，而此时的冲突管理经验，能为日后的竞争、人际矛盾、关系不和奠定一定的经验基础。

因此父母在发现孩子出现人际冲突时，或者当孩子来告状求助时，在保证孩子的安全前提下，给到孩子最大的空间让他去处理这件事情。

父母可以用情商技巧"冲突管理五步曲"来引导孩子积极面对，解决问题。如下图所示。

冲突管理五步曲

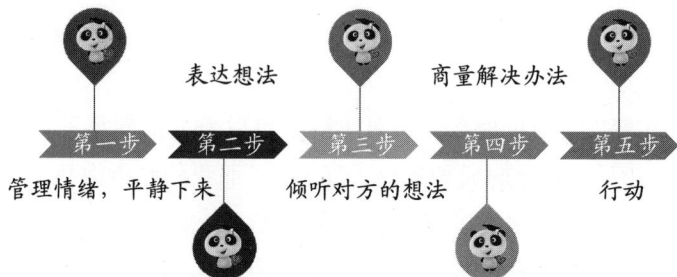

表达想法　　　　商量解决办法

第一步　第二步　第三步　第四步　第五步

管理情绪，平静下来　　　倾听对方的想法　　　行动

第一步：管理情绪，平静下来。

只要是冲突，都是不如意的，自然会有情绪产生。因此第一步，一定是先引导孩子管理自己的情绪，尽快平静下来。

第二步：表达想法。

让孩子说出自己的想法是什么，如果父母不了解事实，可以先请孩子讲一下刚刚发生了什么事情。这是重要环节，了解清楚事实，才能更好地解决问题。

第三步：倾听对方的想法。

因为冲突是双方产生的，所以除了自己的想法，还要引导孩子倾听对方的想法。

> 情商语言

> ➤ 宝贝，那你知道那个小朋友的想法是什么吗？

> ➤ 那另一个小朋友想要什么啊？

> ➤ 你也不知道啊，那我们一起去问问他想做什么啊？

第四步：商量解决办法。

双方的想法都了解之后，就要开始想办法了。注意，这里一定要请孩子自己想出来办法，如果两个孩子在一起，那么就让他们一起想办法。如果孩子实在想不出来，再由父母举例引导，但父母不要一开始就给出解决方法。因为冲突是孩子之间的事，如果都是父母在想办法解决，那他们就失去了锻炼的机会。

情商语言	➤ 好，那你看，你们两个都想玩这个玩具，但是玩具只有一个，怎么办啊？有什么办法啊？你们想一想。 ➤ 你们都想第一个玩滑滑梯，但是上面只能坐一个人，怎么办啊？

第五步：行动。

想出双方都同意的办法之后，就可以行动起来，解决问题了。

在孩子出现冲突的时候，父母不要充当裁判，也不要变成解决者。父母是一个引导者的角色，最开始可能是父母带着孩子一起，在他身边引导他一步一步思考办法解决问题，到之后鼓励孩子自己去处理，父母可以在一旁随时提供帮助。

当孩子自己处理问题的经验多了，自然能发展出成熟的冲突解决策略。这不仅锻炼了孩子的同理心，也能更好地维持良好的人际关系。

第五节　好朋友，互相帮

> 最好的满足，就是给别人以满足。
>
> ——拉布吕耶尔

情商信念——好朋友，互相帮

儿童情商故事

皮皮小分队

情商森林里好久好久没有下雨了，久到 Lucky 熊两只手都数不过来，到底是有多少天了。Lucky 熊想，是不是雨婆婆年纪大了，迷路了，不知道情商森林在哪里，或者是走着走着睡着了，不然怎么会这么久没有雨呢。

小花小草每天渴得张大着嘴巴看着天空，可是没多久就都耷拉着脑袋，无精打采地垂在草地上了。

Lucky 熊、小乌龟和小花猫每天跑到小河边，河水浅了很多也是无精打采的，偶尔拍打着小石头，激起几朵水花，溅在 Lucky 熊脸庞上的水滴，清清凉凉的，就像雨水一样，舒服极了。

"哎，你们说，雨婆婆睡醒了吗？"小乌龟泡在水里，仰着脑袋望着天空说。

突然，小花猫大声喊着："你们看，你们看，是不是雨婆婆来了？"

大家赶紧朝着小花猫指的地方看过去，哇，一道身影快速地奔跑着，尘土飞扬，朦胧中看不清是谁。难道真的是雨婆婆吗？

那道身影近了，更近了，原来是小象皮皮啊。

"小象皮皮，你怎么跑得这么急啊？发生了什么事情吗？"小伙伴们纷纷围过来问。

"我没时间和你们说了。"小象皮皮渴坏了，长长的鼻子吸了一口水，然后一下子又跑远了。

可是不一会，小象皮皮又跑回来了，他吸了一口水，然后又跑走了，这样来回了好多次。

这是怎么回事呢？小伙伴们都好奇极了，跟着小象皮皮来到了树林里。

大家刚刚走到树林里，就有好多水珠滴到了头上。

哇，下雨了。可是很快就没有了，又看到小象皮皮急匆匆地要往河边跑。

"小象皮皮，你怎么啦？"Lucky 熊拦住了小象皮皮。

"Lucky 熊，我没时间了，快，让我去河边。"小象皮皮喘着粗气说："因为好久没下雨了，小树苗们都快干了，所以我用鼻子吸水，给他们浇水，可是这树林太大了，我白天黑夜地忙，也要好长时间呢！有好多小树苗都已经枯萎了，我得快点，再快点！"小象皮皮着急得都快哭了。

"那你需要帮手啊。"Lucky 熊拍拍小象皮皮的鼻子说。

"是的，我需要，但是帮手在哪里呢？"小象皮皮看看四周，除了他的朋友们，根本没有别人，其他小象住的太远了，没办法过来帮忙。

"皮皮小分队，愿意来帮你！"Lucky 熊和其他小伙伴们都笑嘻嘻地看着小象皮皮说："好朋友就是要互相帮忙的！"

看着朋友们热切、友好的脸，皮皮也高兴极了，立刻给大家分配了任务。

小猎狗负责将河水舀到桶里，并放到岸上，小花猫和羞羞兔负责运水。

Lucky熊呢，撸起袖子，一手端着一个盆子，负责给小树浇水，不一会儿，好多小树苗都舒服地伸着枝条，在风的吹拂下，哗啦啦地唱歌跳舞。

可是小乌龟呢，跑不快也搬不动，什么忙也帮不上，急得团团转。这时，小象皮皮把小乌龟放在一块高高的石头上，刚好可以看得到整片树林，然后由他告诉Lucky熊给哪些树浇水，避免有些树重复浇水，有些树又没浇到，这可真是个适合他的任务。

一阵风吹来，树叶也哗啦啦地跳起舞来，一起加入了这欢乐的游戏，树叶上的水珠纷纷滴落，真的就像下雨一样，太棒了。

🍯 亲子情商讨论

请父母带着小朋友一起讨论以下问题：

➤ 小象皮皮在做什么事情呢？

➤ 为什么不找帮手呢？

➤ Lucky熊想了一个什么主意呢？

➤ 小伙伴是怎么帮助小象皮皮的呢？

➤ 有了小伙伴的帮助，浇水工作的结果怎么样呢？

亲子情商游戏 —— 助人日记

游戏规则：

- 父母和孩子每人准备一本助人日记（见下图）。
- 每天晚上固定时间，和孩子一起回忆今天做过哪些助人的事情，在日记上写下来，要求不少于三件事。
- 一起讨论帮助别人有什么感受，对孩子给予肯定，强化孩子助人的愉悦感。

注意：父母要引导孩子，只要别人有需要，生活中随时随地都可以帮助别人，如帮妈妈拿一下筷子、帮老师搬教具等。通过记录这些助人行为，孩子可以更加直观地看到自己做的事情，增加自豪感，同时在这个过程中强化助人的愉悦感受，激发助人的意愿。

亲子情商家庭教育策略

（1）让孩子感受到帮助别人的快乐

心理学研究揭示，帮助他人可以激发很多快乐情绪，使助人者更加健康。在人类进化的过程中，漫长而艰苦的环境需要紧密互助才可以带来安全和愉快，因此我们的大脑在帮助别人时会产生大量多巴胺，给人带来开心和兴奋的感觉，这是人类进化产生的积极遗传现象。

同时，助人者的利他行为给其他人带来利益，也会使自己在团体中获得更多支持，更有机会获得社会成功，验证了"赠人玫瑰，手有余香"。因此纯粹的助人行为不仅能帮助对方，也可以给自己带来收获。

那么道德意识尚在发展阶段的孩子，需要更加直接感受到帮助别人给自己带来的快乐，才会激发他们助人的行为，这是他们发展"助人利他"行为的根本情绪动力。父母可以尽量给孩子提供关心、帮助他人的机会，如低年龄段的孩子，父母可以主动邀请他们帮忙摆椅子，收拾桌子，将家里的旧玩具收集起来送给需要的小朋友，学着帮助或者照看比自己年龄小的小朋友等等，这些都是帮助行为。

而高年龄段的孩子，父母可以鼓励他去做志愿者、义工，让孩子将自己的志愿服务内容记在日记本里，当孩子完成助人行为之后，父母要大力表扬孩子的助人行为，和孩子一起体验助人带来的快乐感受，还可以强调孩子的行为给别人带来的意义，让孩子感受到自己的重要性和价值感，并且为自己感到自豪。

在这个过程中，有时孩子因为能力有限，反而会出现"好心办坏事"的现象，如主动帮忙洗菜却把厨房弄得乱七八糟。这个时候，父母切记不要对孩子表达"越帮越忙"的抱怨，这会打击孩子的积极性和热心，可以采取的措施是表扬孩子的主动帮忙，然后和孩子一起收拾残局，从中教会孩子这件事情的正确做法，并让孩子再次尝试。

（2）确定界限，帮助别人不必损害自己

有时父母过度强调"利他"行为，而忽视了孩子的真实感受，即使在不愿意或者损害自己利益的情况下也要孩子去助人，长此以往会让孩子将"助人"和"自我"对立起来，觉得帮助别人自己一定会吃亏，从而极度抵触帮助别人，变得自私自利，或者会让孩子变得不懂拒绝，受尽委屈，不管哪种情形，对孩子的成长都是不利的。

因此我们培养孩子助人行为的时候，要遵循以下四个原则。如下图所示。

助人四原则

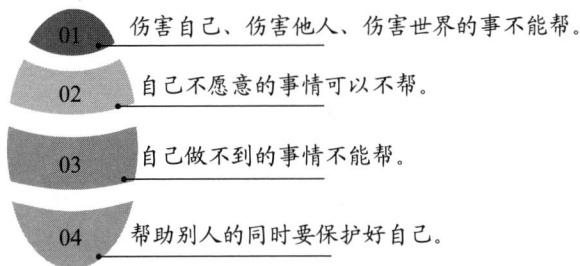

01 伤害自己、伤害他人、伤害世界的事不能帮。

02 自己不愿意的事情可以不帮。

03 自己做不到的事情不能帮。

04 帮助别人的同时要保护好自己。

父母在引导孩子帮助别人时要和孩子明确界限，处事的原则就是"不伤害自己，不伤害他人，不伤害世界"。

帮助别人不代表着损害自己，如果自己能力有限，需要拒绝的时候要果断拒绝，不然会为自己带来很大压力，也无法真正帮助到对方。

同时，一定要尊重孩子的内心想法，让孩子忠于自己的感受，不要为了表扬或者奖励而做出"伪助人"行为，如果孩子不愿意帮助，千万不要强迫。

如果这个忙帮了要付出很大的代价，那么要和孩子充分讨论这个行为的具体措施和后果，是否可以承担，是否涉及其他人，自己能否做主，这个代价是否负得起，然后再做最后的决定。

"助人利他"并不是单一的行为，还需要发展孩子的同理心、问题解决能力、责任心等情商能力，需要循序渐进引导。但在这个过程中不能忘记的就是，要呵护孩子善良的初心。

（3）锻炼孩子寻求帮助的能力

助人的同时，我们也要学会求助，特别是对于孩子而言。当孩子处在困境而力量又不足时，勇敢寻求帮助是一项非常重要的能力，不仅可以做好事情，更重要的是关键时刻能保护自己。

因此父母可以多次和孩子进行情景模拟，多创造不同的情景，比如和爸爸妈妈走散了、妈妈生病了、自己站在高处下不来、没带书等等生活中经常会出现的情况时，让孩子学会在这些情况下请求帮助。

这就和做模拟题一样，做得题越多，孩子对解决这些情景下的问题就越熟练。当真正发生的时候，孩子即使会慌乱，但是他知道该做什么事情，怎么去做。

同时，要留意孩子是否养成了"遇事就求助"的行为习惯，若养成了习惯，父母就要强化培养孩子的独立性、责任心、问题解决能力。情商能力的培养是环环相扣，缺一不可，相辅相成的。

重视孩子整体情商能力的培养，在时间和爱心的加持下，孩子强大的内心，良好的性格品质，优秀的思维行为模式，自然水到渠成。

第六章

人际交往能力——社交商，成为人见人爱的孩子王

▎第一节　认识人际交往能力

> 得不到友谊的人将是终身可怜的孤独者，没有友情的社会则只是一片繁华的沙漠。
>
> ——培根

找不到工作的"数独冠军"

"最强大脑"节目里有一位高手，让很多观众印象深刻，不仅仅是因为他是蝉联了七年的数独冠军，更令人震撼的是，他没有什么朋友，也找不到工作，生活很拮据。他自己的解释是自己有社交障碍。

但是经过现场人员的一些沟通和互动之后，嘉宾直接指出"其实你没有社交障碍。只是不自信和缺少人际交往能力"，之后鼓励他把给自己贴的标签撕掉，多跟人交往，与人交流，生活才会更加美好！

不可思议，一个蝉联了七年的数独冠军没有什么朋友，甚至找不到工作，生活困苦不快乐！

但这也是必然结果，因为我们生活在一个群居社会，生活、学习、工作、娱乐，方方面面离不开和他人的互动相处。若缺少与他人相处，即人际交往能力，看似活在人群中，其实是孤单一人，生活的阻力可想而知，哪能顺利做好事情、过好一生。

因此人际交往能力至关重要，联合国教科文组织的报告提出21世纪教育的四大支柱，其中有一个就是学会共同生活（learning to live together），也就是和他人如何和谐共处（见下图）。

而2～6岁是孩子人际交往智能成长的关键时期，这一时期的人际交往能力和交往状况会深深影响孩子未来的人际关系、自尊甚至幸福生活。

联合国教科
文组织教育
四大支柱

■ 学会求知（learning to know）

■ 学会做事（learning to do）

■ 学会共同生活（learning to live together）

■ 学会生存（learning to be）

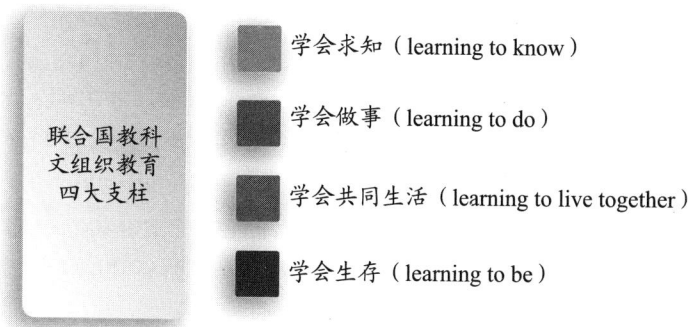

人际交往能力培养的认知误区

误区一：能主动和小朋友玩就是人际交往能力强

关于人际交往能力的培养，父母最担心的基本是孩子不会交朋友，总是自己玩，总爱吵架打人，不会说好听话，被别人讨厌，被团体排斥等问题。

但如果孩子能主动和别的小朋友一起玩，也相处得不错，有时就会造成父母的认知误区了，觉得这孩子的人际交往能力挺好的。

但问题是，主动和小朋友玩就说明人际交往能力强吗？

不是的，这只是孩子喜欢主动交友而已，只是人际交往能力的一个方面。

情商小知识

人际交往能力，是指能够察觉并区分出他人的情绪、意图、动机和感觉，并运用语言、动作、手势、表情、眼神等方式与他人交流信息，沟通情感的能力。

由于不同年龄段孩子心理发展的特点、思维认知能力、语言能力的不同，他们的人际交往能力自然也是不同的。

2～6岁的孩子需要学习如何和小朋友交朋友，如何加入一个集体游戏，初步学会处理冲突的能力，初步学会换位思考，以及符合心理发展水平的一些亲社会行为，比如分享、赞美、谦让等。

而孩子到了7～12岁，随着孩子思维能力的发展和心智的成熟，以及小学阶段的集体生活，孩子就要开始学习更高阶的人际交往能力，比如沟通、倾听、说服、鼓励、谈判、双赢、竞选、团队合作和管理等复杂高级的能力。

你发现了吗？这些能力很多成人都不擅长，都要自己再次去学习，只不过这时的名字叫作"沟通的艺术""职场人际"等。

试想一下，如果孩子在这个情商培养的关键阶段学习了，那在未来的职场竞争上，不就会占据优势吗？

普通和优秀有一个区别，就是能力学习的先后。孩子先掌握了能力，就会在一群人中脱颖而出，变得更优秀。因此多位专家建议青少年不要只将精力放在学业方面，也要非常重视团队沟通、社交这些情商能力，这些都是未来的竞争力。

误区二：人际交往能力强就是和谁都交好吗？

很多人会认为，人际交往能力强的人应该是八面玲珑，谁都能交往，哪里都是朋友。但这其实已经不仅仅属于人际交往能力的范畴了。

我们要重塑的认知是，人际交往能力不是为了让我们获得一个好名声，更不是在讨好所有人，而是在尊重自我的前提下，运用正确恰当的方法，来维持我们想维持的良好关系，让这份关系保持稳定、健康、长久。

这里有一个关键点，不是所有人都是适合交往的、需要交往的。人际交往的首要能力，就是识别哪些人可以交往，哪些人不可以。

因此，人际交往能力不仅在于和谁交好，还要学会和谁不交好，甚至远离，如此逐步建立自己良好的人际支持体系，让自己更加开心快乐地生活和发展。

第二节　我是礼貌小天使

> 礼貌是儿童与青年所应该特别小心地养成习惯的第一件大事。
>
> ——约翰·洛克

情商信念——我是礼貌小天使

儿童情商故事

礼貌王国的邀请函

礼貌公主要邀请小动物们去礼貌王国做客啦！

这个消息就像长了腿一样，很快地就传遍了情商森林，每个小动物都高兴极了。

这一天，Lucky 熊打了条蓝色的小领带，在镜子前照了又照，看起来帅气极了。

小猴跳跳穿上了黄色的小西装，在水塘前看了又看，看起来威风极了。

羞羞兔换上了粉红色的小裙子，在大树下转了又转，看起来漂亮极了。

他们手拉着手，一起来到了王宫门口，哇，好威武的大门啊。小猴跳跳迫不及待地就要推门进去。

"我们要有礼貌。进门前，先敲门。"羞羞兔拉住了小猴跳跳，轻轻地敲了敲大门。

"欢迎你们来我家做客！"原来礼貌公主已经在大门口等着了啊。

这可是 Lucky 熊、羞羞兔、小猴跳跳他们第一次来到王宫啊，所有的一切都是那么新奇好玩，有弹钢琴的小熊、端盘子的小企鹅，还有翩翩起舞的白天鹅，真美妙。特别是还有一大盘一大盘美味的食物，看得 Lucky 熊眼睛都舍不得眨一下。

"请吃吧！Lucky 熊，有你喜欢的草莓蛋糕哦。"礼貌公主亲自给 Lucky 熊端来了一盘蛋糕。

礼貌公主可真有礼貌啊！Lucky 熊感觉就像一缕温暖的阳光照进了自己的心里，连身上的皮毛都变得暖烘烘了！

"谢谢你！"Lucky 熊也变得有礼貌了。

在吃东西的时候，礼貌公主不小心将勺子掉在了地上，果汁溅到了小猴跳跳漂亮的小西装上。

"小猴跳跳，对不起，我不是故意的，请你原谅我。"礼貌公主忙拿着纸巾帮小猴跳跳擦衣服。

礼貌公主可真有礼貌啊！小猴跳跳感觉就像欢乐的小溪流淌在自己的周围，忍不住要唱起歌来。

"没关系。"小猴跳跳也变得有礼貌了。

"羞羞兔，你的裙子好美，我们可以一起跳个舞吗？"礼貌公主伸出手微笑地看着羞羞兔。

礼貌公主可真有礼貌啊！羞羞兔听到悠扬的歌声回荡在王宫，不禁开始翩翩起舞，蹦跳旋转。

"我们一起跳舞吧！"

Lucky 熊抱起了心爱的吉他，快乐地弹唱起来，他们的歌声，他们的笑声，传得好远好远。

天慢慢地黑了，星星出来了，Lucky 熊、羞羞兔、小猴跳跳要回家了。

"再见，欢迎你们下次再来。"礼貌公主微笑地挥着手，好美的微笑啊，就像天空中最闪亮的那颗星星。

"再见。"Lucky 熊、羞羞兔、小猴跳跳牵着手，高高兴兴地往回走。

礼貌公主依依不舍地关上门，突然，敲门声又响了。

"刚刚我们玩的玩具都没有收拾呢。"小猴跳跳不好意思地说。

"我们帮你一起收拾玩具吧！"Lucky 熊、羞羞兔、小猴跳跳脸上带着大大的微笑站在门口。

"你们可真有礼貌！谢谢你们。"

月亮升上来了，月亮婆婆带着大大的微笑看着这群礼貌小天使。

他们都真有礼貌呀！

🥛 **亲子情商讨论**

请父母带着小朋友一起讨论以下问题：

➤ 羞羞兔为什么不让小猴跳跳进门呢？

➤ 礼貌公主请Lucky熊吃东西时是怎么说的啊？

➤ 礼貌公主不小心弄脏小猴跳跳的衣服时是怎么做的啊？

➤ 礼貌公主邀请羞羞兔跳舞时是怎么说的啊？

➤ 告别的时候，礼貌公主是怎么说的呢？

➤ Lucky熊他们为什么又回去了呢？

亲子情商游戏 —— 欢迎来我家

游戏规则：

- 角色分配，父母和孩子分别扮演主人和客人。
- 讨论"敲门—打招呼—进门—吃东西—玩玩具—离开告别"的礼貌用语。
- 主人准备好零食和玩具，在家等待客人来做客。
- 角色对换，再玩一遍游戏。

注意：在游戏过程中，父母可以观察孩子在这个游戏中的表现，或者直接做出孩子平时不礼貌的行为，让孩子在游戏中观察体会，从而感受到礼貌的重要性，真正地变得有礼貌。

亲子情商家庭教育策略

（1）小礼貌，大影响

礼貌，指的是人类为维系社会正常生活而要求人们共同遵守的最起码的道德规范，是人们在长期共同生活和相互交往中逐渐形成，并以风俗、习惯和传统等方式固定下来。

关于礼貌一词的解释很书面化，其实就是指礼貌的三个要素。如下图所示。

》文明礼貌三要素

01 礼貌存在于群居社会

02 礼貌是为了社会交往更加有序和谐

03 礼貌有一套约定俗成的行为模式

简单来说，礼貌礼仪是为了实现和谐人际交往而发展的一套行为模式，是人际交往能力中最基本的能力，就像一块敲门砖，能敲响陌生人的心房，实现交流的可能性，也像关系的催化剂，能加速感情的发展。

举个最简单的例子，在大街上，有人问你："喂，到××大厦要怎么走？"你会愿意指路吗？

大多数人应该是皱着眉头看一下问路者，然后转头就走吧。甚至如果遇到一个脾气不好的人来说，可能还会演变为争吵。

但如果是这么问："您好，请问一下，去××大厦要怎么走？可以麻烦您指一下路吗？"是不是听起来就舒服很多，只要知道路，一般都会帮助对方。即使不知道地址，也会礼貌回应。

因此礼貌是开启人际交往的钥匙，能够开启有效的交流，继而更深入发展、交往、建立良好关系。

就像歌德所言："一个人的礼貌是一面照出他的肖像的镜子。"一个小小的不礼貌行为，可以反映出一个人的素养、教育程度、文化程度，甚至家庭背景和职位高低等非常多的信息。

因此培养孩子的礼貌礼仪非常重要，这是人际交往能力最基本的要求。

（2）帮助孩子界定"礼貌行为"和"不礼貌行为"

礼貌行为是一套社会约定俗成的行为模式，是社会化发展的表现，是需要通过学习得来的，从不知道到知道，从不会到会，有个过程。因此一些孩子的"不礼貌行为"，其实只是他不知道在当下这种情景中，他做什么事情才是合适的。

父母可以用情商技巧"礼貌行为准则四步曲"帮助孩子建立一套礼貌行为准则，让孩子知道，到底什么是礼貌行为，什么是不礼貌行为。如下图所示。

》礼貌行为准则四步曲

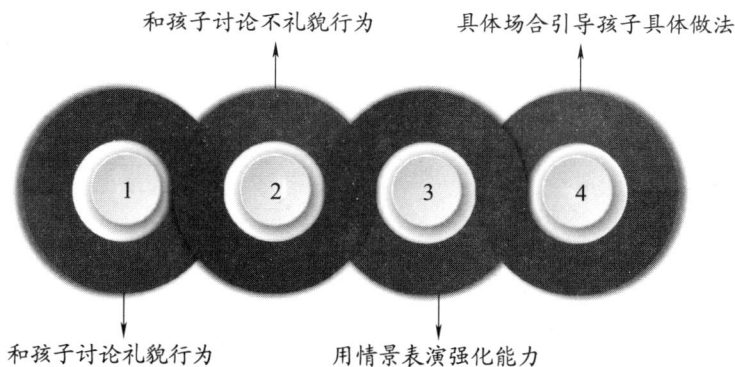

和孩子讨论不礼貌行为

具体场合引导孩子具体做法

① ② ③ ④

和孩子讨论礼貌行为

用情景表演强化能力

第一步：和孩子讨论礼貌行为。

父母可以和孩子一起讨论，哪些是礼貌行为，把想到的每条行为写下来，可以再到网上搜索一些礼貌行为补充进去，变成礼貌行为准则。

第二步：和孩子讨论不礼貌行为。

和孩子一起讨论，哪些是不礼貌的行为，是不可以做的，同样一条一条写下来，变成不礼貌行为清单。孩子如果做出了不礼貌的行为，父母要及时制止，明确地和孩子指出这种行为是不可以被接受的，必须立刻停止。

情商语言	➤ 宝贝，你现在是礼貌小天使了，那你要做哪些礼貌的行为啊？
	➤ 宝宝，哪些行为是你不能做的啊，不然就变成粗鲁的孩子了？
	➤ …………

第三步：用情景表演强化能力。

当孩子对礼貌行为和不礼貌行为形成初步认识之后，父母就可以用情景表演和游戏的形式，让孩子学会不同场合应该怎么做，多次练习，强化能力。

比如：对长辈说话时要使用"您"；遇见认识的人要主动问好；分别时要说"再见"；请求别人帮助时要用"请"；得到帮助后要说"谢谢"；对长者不能称呼姓名，而要称呼"老爷爷""老奶奶""叔叔""阿姨"等；不能随便打断别人的谈话；不随意插嘴；家里来了客人要有礼貌地回答客人的问话；到别人家里不随意动东西……

只有让孩子掌握这种能力，那么到了现实生活中，孩子才能进行能力迁移，做出礼貌行为。

第四步：具体场合引导孩子具体做法。

之后父母便要留意孩子在日常生活中的运用了，发现孩子用得好的就要及时表扬，让孩子感受礼貌带给自己和别人的愉悦感受，发现孩子有欠缺的方面，就可以继续回到游戏中强化练习。

有一点要注意，不能一下子要求孩子全部做到这些行为。父母可以一个星期挑选5～10条，孩子掌握后再选择下一个环节的行为练习，鼓励孩子一步一步学习礼貌。

同时，要避免走入一个误区，为了礼貌而要求孩子礼貌，用惩罚或者威逼的形式强迫孩子做出礼貌的行为，比如孩子不叫人，下次就不带他出来了。

这种方式不仅不能培养真正懂文明礼仪的孩子，反而会让孩子学会装形式、走过场等虚假行为，甚至有些孩子会很厌烦，产生心理阴影，不愿再与人交往，这就影响孩子人际交往能力的发展了。

（3）父母以身作则，礼貌待人

对于"文明礼貌的以身作则"，在孩子这个年龄段，更需要的是家庭里面的榜样作用。因为孩子看不到你在单位的行为，他看到的更多是，你是如何和老人说话的，你是如何对待父母的。所以对待家人，请同样表现出礼貌和尊重。

但这对于有些人来说，却有难度，他们习惯了将温柔的一面展现给外人，却把最粗鲁的一面展现给自己最亲近的家人。

觉得他们是最亲近的人，可以理所当然地对他们发脾气。

知道他们会不离不弃，可以理所当然地消耗他们的宽容和忍耐。

知道最后也一定会被原谅，可以肆无忌惮地伤害。

这其实是一种本末倒置。因为家人才是我们生命中最重要的人。因此，对待家人，一定是发自内心的尊重和在乎，一来是给孩子做出良好榜样，二来也是珍惜自己身边的人。生命有太多无常，不要制造太多遗憾。

父母创造一个温馨快乐的家庭氛围，孩子置身其中，自然也是平和有礼的。

第三节　交朋友，很简单

> 人世间一切荣华富贵都不及一个好朋友。
> ——伏尔泰

情商信念——交朋友，很简单

儿童情商故事

和小山羊安妮交朋友

上课铃响了，门口走进来了一位新的小伙伴，她是小山羊安妮。安妮全身的皮毛是白色的，就像冬天里的雪花一样，漂亮极了。

下课了，所有的小动物都围在小山羊安妮旁边。

"小山羊安妮，我们一起玩汽车吧。"小花猫拉起小山羊的手，要一起去玩他威风的小汽车。

"小山羊安妮，我们一起吃蛋糕吧！"Lucky熊端着香喷喷的草莓蛋糕，就要往小山羊嘴巴里喂。

"小山羊安妮，我们一起跳舞吧！"羞羞兔一把拽起小山羊，跳起了美丽的舞蹈。

天啊，小山羊就像陀螺一样，转来转去的，都要晕倒了。

"铃铃铃……"上课铃声响起来了。小动物们都回到自己的座位上了。

呼，小山羊安妮大大地喘了一口气，小心脏就像在打鼓一样，砰砰砰的。

放学后，小山羊安妮一下子就跑出了教室。

"是不是我们今天吓到她啦！" Lucky 熊、羞羞兔和小花猫一起躺在树下，三颗小脑袋碰在一起。

"我好想和小山羊安妮交朋友啊，她身上的毛发可真漂亮，比我的还白！"羞羞兔摸摸自己的毛，不知道小山羊的皮毛摸起来是什么感觉。

"对了，有办法了，我知道怎么和小山羊安妮交朋友了，用艾维尼妈妈教给我的交朋友 4S 交友法则。"聪明的 Lucky 熊总能想出很多好主意！

"4S 交友法则？"羞羞兔和小花猫一脸疑惑地看着 Lucky 熊。Lucky 熊一脸神秘地和羞羞兔、小花猫交代，两个小伙伴用力地点点头。

第二天，小山羊安妮一到教室，Lucky 熊、羞羞兔、小花猫一下子就围在了她身边。小山羊的心一下子又提到了喉咙，就要跳出来了。

"如果我们要和小山羊交朋友，就要送她一个大大的微笑。"

Lucky 熊、羞羞兔、小花猫脸上都挂着大大的笑脸，就像春天的太阳一样，温暖极了。小山羊看到每个小伙伴脸上洋溢的微笑，心里也不那么紧张了。

"如果我们要和小山羊交朋友，跟她说话时，就要用眼睛看着她。"

Lucky 熊、羞羞兔、小花猫都带着微笑看着小山羊，明亮的眼睛就像夜空中璀璨的星星一样，好看极了。小山羊的心里就像流淌的小溪一样，唱着欢乐的歌。

"如果我们要和小山羊交朋友，就要告诉她。"

"小山羊，我们可以做朋友吗？"

"当然可以啊。"小山羊也露出大大的笑容，哇，就像春天里最美的玉兰花啊，Lucky 熊、羞羞兔、小花猫都仿佛闻到了玉兰花香。

"如果我们要和小山羊做朋友，可以拥抱她，但是要她同意。"

"我可以抱一下你吗？"羞羞兔一直很想知道小山羊的皮毛是不是和自己的一样柔软。

小山羊伸出手来，给了羞羞兔一个大大的拥抱。哇，原来交朋友这么简单啊。

小伙伴们和小山羊一起玩游戏，笑得非常开心。

羞羞兔还非常喜欢抱着小山羊的感觉。如果你想知道是什么感觉，那羞羞兔会很高兴地告诉你，是朋友间温暖的感觉。

亲子情商讨论

请父母带着小朋友一起讨论以下问题：

➤ Lucky熊、羞羞兔、小花猫第一次是用什么方式和小山羊交朋友呢？

- -

➤ 小山羊和他们成为朋友了吗？为什么？

- -

➤ 第二次是用什么方式和小山羊交朋友呢？

- -

➤ 这次小山羊和他们成为朋友了吗？为什么？

- -

➤ 4S交友法则是怎么交朋友的呢？

- -

亲子情商游戏 —— 眼睛对对碰

游戏规则（见下图）：

- 父母和孩子互相看着对方的眼睛。
- 进行比赛，谁先眨眼睛谁就输了。
- 多次练习，引导孩子和其余家人比赛。

注意：眼睛的对视是人际交往中非常重要的肢体语言，不仅可以传递出对对方的尊重，有利于沟通，也是提高孩子自信心的方法。通过多次练习，让孩子敢于直视他人眼睛，与他人对视沟通。

亲子情商家庭教育策略

（1）用"4S 交友法则"引导孩子交朋友

伏尔泰说过："人世间的一切荣华富贵不及一个好朋友。"这句话充分强调了朋友在我们人生中的意义。而从心理学的角度来解说，人是群居生物，渴望和外界进行连接互动，精神层面希望得到外界的认可尊重，而朋友这个角色就满足了我们的心理需求。简单来说，就是有人能喜欢你、能懂你、能了解你的想法情绪感受，让你能做真实的自己，和你一起笑一起闹。于是，我们不会感到孤单寂寞，哪怕只有这么一两个朋友，也够了。

因此，在这种心理需求下，孩子在很小的时候就表现出了交友的亲昵行为，八九个月大的孩子，即便不认识，只要见到了，都会互相抓一抓、摸一摸。再大一点，两个小孩子就很容易玩在一起了，分开的时候还很容易哇哇大哭呢。

不过，有一些孩子在交朋友这一方面，就让父母比较头疼，明明很想和别人一起玩，却总是站在一边不说话，甚至还说别人这个不好，那个不对。

其实这些行为都只是孩子在试图引人注意，在表达自己的交友意愿而已，只是方法出了错误。因此，父母可以用情商技巧"礼貌交友四步曲"引导孩子正确地传递交友意愿，礼貌交朋友。如下图所示。

礼貌交友四步曲

STEP 1
SEE
眼睛看着对方，保持视线直视，如果刚开始感到压力，可以教会孩子盯着对方的三角区

STEP 2
SMILE
保持微笑，这是一种表示友好的行为

STEP 3
SAY
打招呼：比如（你好）+自我介绍（我是***）+提出请求：我可以和你交朋友吗？

STEP 4
SHAKE
握手，在对方同意之后可以有握手、拥抱、等亲密行为

父母可以和孩子进行交朋友的情景游戏，在游戏中练习交朋友的步骤，让孩子掌握这种良好的人际开场白，这是发展友情的好开端。

别看小小的一句话，但是这一句话就是人和人之间交往的第一块敲门砖，我们在遇到别人的时候，往往开场白就是这句话。

比如寻求帮助，是这么问的："你好，我来买香蕉，请问水果区在哪里？"

在旅游景区，也是这么问的："你好，我是旅客，请问景区入口在哪里？"

工作面试的时候，是这么说的："你好，我是×××，我是面试×××岗位的。"

谈合作，谈项目是这么说的："你好，我是×××，代表我们公司来和您洽谈。"

话虽简单，意义重大。这是非常重要的人际关系敲门砖，良好的开始便是成功的一半。

（2）为孩子创造一个交友空间

为了强化孩子交友的能力，父母们可以拓展孩子的交友空间，为孩子创造更多和小朋友交往的机会。比如邀请年龄相仿的小朋友到家里聚会，家里是孩子熟悉的环境，气氛轻松愉快，孩子和其他小朋友容易玩到一起。

在节假日，多带孩子到小朋友多的地方，如文化中心、公园、体育场所以及儿童乐园，让孩子有机会接触到其他小朋友，并和他们自然而然地在一起玩。

在这个过程中，父母要多创造机会，让孩子主动去和陌生人交往沟通，如要问路啊、拿东西啊，让孩子来问。

如果孩子一时无法很好交往，父母就要充当"桥梁"，带领孩子和其他小朋友一块儿玩。当孩子有交朋友的成功体验之后，便会自己主动积极地去寻找新的朋友了，从而收获美好的友谊。

（3）引导孩子正确的肢体语言表达

6岁以前的孩子处于语言发展期，由最开始的肢体动作表达转向语言表达，但由于语言表达能力尚在发展，当孩子情绪激动，语言没办法表达自己的意思或不知道如何表达时，孩子就会回归到最直接的肢体动作，直截了当地传递自己的想法，如孩子非常生气就直接动手，想要玩具对方不给，直接抢了就跑。

还有的孩子会独创一些表达想法的肢体动作，如高兴就拍别人等，这是孩子理解的表达高兴和亲密的信号，但是有些动作并不是很恰当。因此父母在日常生活中需要时刻关注孩子的肢体动作，如果发现某些动作对他人造成影响，可以用情商技巧"负面行为引导四步曲"来规范孩子行为。如下图所示。

负面行为引导四步曲

第一步：立刻制止
第二步：了解孩子的想法
第三步：教会孩子新行为
第四步：多次练习

第一步：立刻制止。

如果孩子出现了不恰当的肢体行为，比如打人、抢东西、咬人等动作，父母需要立刻制止孩子，但是不要给这个行为贴标签。

只要及时把孩子的手脚握住，不让他继续，告诉他这个行为不可以就好。如果孩子挣扎激烈，就将孩子带离现场。注意，这个过程中，父母的态度一定是平和坚定的。

有时候孩子总爱打人，是因为大人都是笑呵呵地对孩子说"不要打，不要打"，孩子捕捉到的信息是"你们都在笑，所以这是件有趣的事情"，自然就改不过来了。

如果不想让孩子做什么事，父母就要平和坚定地告诉他。如果做不到，就做到最简单的一点——不要笑。

> 情商语言

> ➤ 宝贝，刚刚用手打妈妈，不可以这么做。

> ➤ 宝宝，不能直接去拿别人的东西。

> ➤ 宝贝，不能用手去抓姐姐的脸。妈妈把你的手握住了，不能这么做的。等你安静下来，我再放开哦。

第二步：了解孩子的想法。

当孩子平静下来之后，父母就要了解孩子的正面动机和想法，听听孩子为什么这么做。如果孩子还不会说话，或者表达得不清晰，那么我们就需要通过观察，或者询问知情人，了解发生了什么事，由我们说出孩子的想法。

> 情商语言

> ➤ 哦，你也喜欢这个玩具是吗，你也想要是吧？

> ➤ 哦，你是想和他们一起玩，又不知道怎么说是吧？

> ➤ 你是喜欢姐姐，想要抱她是吗？

> ➤ …………

第三步：教会孩子新行为。

之后，父母就要引导孩子学习正确的表达方式了，想要玩具可以怎么说怎么做，生气了可以怎么说怎么做，喜欢别人可以怎么说怎么做。父母要教会孩子用新的行为代替原来不恰当的行为。

第四步：多次练习。

父母同样可以用情景模拟和游戏的方法，让孩子先练习，让孩子把这个行为模式习惯化，当孩子下次再遇到这个情景的时候，能够变成身体记忆和语言模式，顺利地运用起来。

而当孩子表现出正面的肢体动作时，父母要给予及时肯定和强化，如孩子眼睛看着你的时候，可以强化"你的眼睛看着我，妈妈感觉你很喜欢和我说话，我很高兴"。

当孩子露出微笑的时候，我们可以告诉他"爸爸很喜欢你的微笑，像太阳一样很温暖"。

父母这样逐步规范孩子的行为，丰富孩子的肢体语言，同时锻炼孩子的语言表达能力，让孩子用语言能准确表达自己的想法，这是人际沟通中的重要能力。

▌第四节 赞美的语言是最温暖的

> 称赞不但对人的感情，而且对人的理智也起着很大的作用。
>
> ——列夫·托尔斯泰

情商信念 —— 赞美的语言最温暖

儿童情商故事

比阳光还温暖的话

如果要问情商森林里谁的好朋友最多，那答案一定就是 Lucky 熊。

每个小伙伴都说和 Lucky 熊在一起，就像沐浴在春天的阳光里一样，温暖舒服。

Lucky 熊在小山坡上遇到了小山羊安妮，他带着大大的笑脸说："小山羊安妮，你今天穿的裙子真漂亮，真美！"

"谢谢你的赞美，Lucky 熊。让我为你跳一段舞吧。"小山羊安妮高兴地跳起了舞。

Lucky 熊又在小河边遇到了小象皮皮，他带着大大的笑脸说："哇，小象皮皮，你一下子就把挡路的木头卷起来了，力气真大，就像个大力士一样。"他拍拍小象皮皮长长的鼻子，朝他竖起了大拇指。

"哈哈，谢谢你的赞美，Lucky 熊。现在我们去找羞羞兔吧，她看到你来一定很高兴。"小象皮皮 Lucky 熊蹦蹦跳跳地出发了。

因为 Lucky 熊的话就像阳光一样，听起来是这么温暖舒服。

所以他有好多好多的好朋友。

可是如果你要问情商森林里谁的好朋友最少，那答案恐怕就是小刺猬了。每个人都说和小刺猬在一起，就会像被他的刺扎到一样，生硬又疼痛。

小刺猬在草地上看到了小花猫，他皱着眉头说："小花猫，你的衣服真丑，就像刚从垃圾堆里捡回来的一样。"

小花猫听完难受极了，这可是他新买的衣服，他甩甩尾巴不理小刺猬了。

小刺猬嘟嘟嘴，又遇到了羞羞兔，急忙捂着鼻子说："羞羞兔，你在吃什么啊，这味道可真不怎么样，我都要把早餐吐出来了。"

羞羞兔听完生气极了，因为这可是她刚烤好的胡萝卜蛋糕。她叉着腰扭着头，跑开了。

小刺猬吐了吐舌头，继续往前走。可是他每到一个地方，小动物们都很快就跑开了，因为他们可不想再和小刺猬说话了，他的话啊，就像坚硬又冰冷的刺一样，扎到他们的心里可真让人难受。

所以最后，小刺猬只好自己一个人待在家里了，每天陪伴他的也只有他自己硬邦邦冰冷冷的小刺了。

亲子情商讨论

请父母带着小朋友一起讨论以下问题：

➤ Lucky熊遇到小山羊和小象皮皮的时候都说了什么？

➤ 听到Lucky熊这么说，他们心情都是怎么样的呢？
　 为什么？

➤ 小刺猬遇到小花猫、羞羞兔的时候分别都说了
　 什么？

➤ 听到小刺猬这么说，他们心情怎么样呢？为什么？

➤ 为什么Lucky熊有这么多好朋友，小刺猬却没有
　 好朋友呢？

亲子情商游戏 —— **赞美小太阳**

游戏规则（见下图）：

- 准备好赞美小太阳、纸、笔。
- 每位家庭成员领取 5 个赞美小太阳，写下想给对方的赞美。
- 家庭成员轮流站在台上，赞美者说出对他的赞美，并给他贴赞美小太阳。
- 谁得到的小太阳最多，就是今天的"最温暖的太阳"。

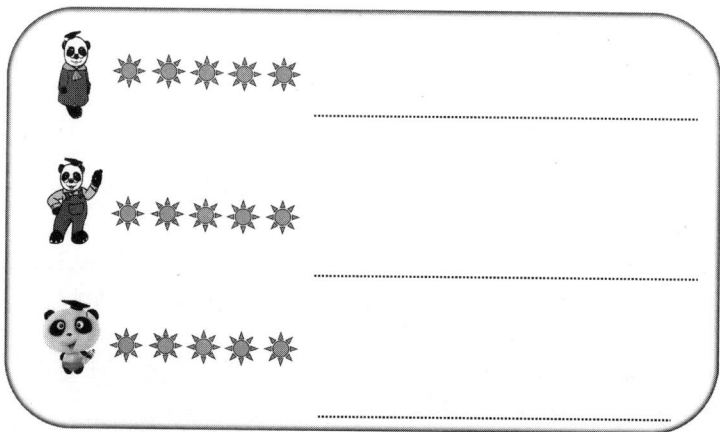

注意：在写赞美小太阳时，父母要协助孩子，比如帮他写、帮他画。刚开始，孩子的赞美可能比较简单，比如只会说你的衣服很漂亮。这时父母就可以适当引导，比如"你看爸爸的外貌怎么样？衣服好看吗？还有他做什么事情很厉害啊？"让孩子多去看到别人的不同方面，发现可赞美的地方。

父母经常和孩子玩这个游戏，不仅可以培养孩子用欣赏的眼光去看待他人，还可以让孩子通过赏识差异，发现他人可以学习的地方，从而进一步学习成长。

亲子情商家庭教育策略

（1）不要让自己成为"语言施暴者"

提起"家庭暴力"，大家都怒火攻心，但还有一种"家庭暴力"却没有被重视，甚至很多人都是"施暴者"。

家庭暴力的伤害大家看得到，身上青一块紫一块，但是语言暴力的伤害却更可怕，家庭暴力伤得是皮肉，而语言暴力伤的是心。特别是对孩子而言，语言暴力就像斧头，就像匕首，每一句抨击的话，都直击孩子的内心。

因此父母们，如果之前已经进行了很多次语言暴力，那从现在开始，请注意你对孩子说出的话，若还做不到赞美肯定，也请减少伤人的语言。

下次，当你很生气，话语即将出口的时候，请先运用之前学习的生气情绪管理技巧，让自己舒缓一下心情，恢复一下理智，重新思考要说什么话。

不要明明都是深爱，出口却都是伤害。

（2）运用正确的情商技巧赞美表扬孩子

总有父母担心，赞美太多会让孩子变得骄傲自满，所以就少夸，或者干脆不夸。父母明明内心高兴得不得了，还只是假装平淡地点点头，"嗯，还可以。"

实际上，与孩子相处，真心真情就是最好的方式。想夸就夸，不要吝啬对孩子的赞美，这不仅在增强孩子的内在力量，也是给孩子树立榜样，让他们感受到赞美的美妙之处。而父母要做的，就是利用情商技巧，真心诚意地表达对孩子的赞美，可以应用"赞美五步曲"。如下图所示。

◆ **赞美五步曲**

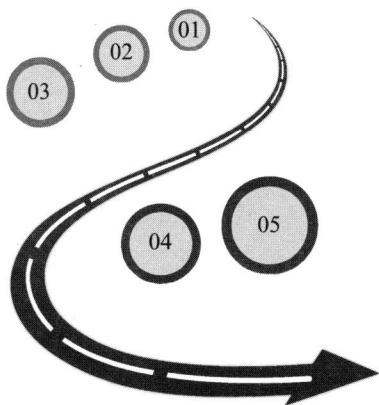

01 态度要真诚不敷衍

02 详细描述事实、行为及结果

03 表达你的感受，而非评价

04 和孩子讨论他是如何做到的

05 表示期待

第一步：态度要真诚不敷衍。

当父母在赞美孩子的时候，一定要真诚不敷衍，将专注力放在孩子身上，全身心地表达父母的喜悦和赞美。但是，真诚不是夸张，是真的发自内心的喜悦之情溢于言表。

第二步：详细描述事实、行为与结果。

父母赞美表扬孩子时不要称赞孩子的人格特质，因为这会给孩子带来无形的压力，束缚孩子的成长。而是应该让孩子知道他因为具体做了什么事情而得到表扬，这也是基于正强化理论的激励机制，描述详细的行为及结果可以让孩子清晰地看到自己做得好的行为，以及这个行为产生的好结果。

比如孩子搬起了一块很重的石头，父母可以称赞孩子"哇，你搬起了这么重的石头"；孩子打扫了房间，可以说："你把房间打扫得很干净，看，书柜上一点灰尘都没有，衣服鞋子也都收拾得很整齐。"

父母说的都是事实，既没有夸大，又让孩子看到了自己实际做的事情。

第三步：表达你的感受，而非评价。

父母可以说出自己的感受、心情。记住，不是评价，因为你的评价不一定是孩子自己的认知，如果和孩子认知不同，反而会出现反效果。比如父母说"孩子懂事了"，他的内心会认为自己以前是不懂事的，那么接下来就得做一些"不懂事的行为"来让父母看了。

感受：是指父母很高兴，很惊喜，很意外。

评价：是父母觉得孩子长大了，很懂事。

第四步：和孩子讨论他是如何做到的。

这个过程非常重要，回想一下，孩子在讨论一些他擅长的事情时，是不是神采飞扬、自信满满的？这个讨论有三个好处。

①强化行为。孩子在描述时是在重新温习这个过程，能够加深印象，让行为烙印更深。

②增加孩子的能力感，让孩子看到自己是如何一步一步做好一件事情的，再次感受自己的能力。

③增加孩子的自豪感和自信，有助于孩子自我价值感的建立。

第五步：表示期待。

因为父母称赞孩子是为了强化这些好的行为品质，希望孩子继续保持下去，所以称赞的最后一步可以表示期待。但这一步，父母在没有熟练掌握，或者没把握之前，可以暂时不用，先真诚地对孩子表达赞美之情就可以。

这里介绍一个赞美公式，父母需要勤于练习，才可以更好掌握。在运用的时候可以灵活变换，不用生硬套用，灵活使用语言模式就可以。

> **情商语言**
>
> 赞美公式：
> 　　描述行为结果+表达感受+讨论过程+表示期待
>
> 语言模式：
> 　　你做了……我感到……你是怎么做……
> 　　我希望……

（3）引导孩子学会欣赏赞美他人

马克·吐温曾说过："只凭一句赞美的话我就可以充实地活上两个月。"这句看似夸张的名言说出了赞美对于我们的意义是非常重大的。每个人都是喜欢被赞美的，因为赞美满足了我们的心理需求，让我们看到了自己的价值，发现了自己的优势，增强了自我存在感和价值感。

同时，在心理学上还有一个人际交往互动原则：决定一个人是否喜欢另外一个人，最强有力的一个因果关系是，那个人是否喜欢他。简单点说，就是别人喜欢你，你就会有更大概率喜欢他。

　　而真诚的赞美就是向对方传递我喜欢你。这是一种积极友善的交友信号，可以拉近彼此间的心理距离，更好地创建并维持融洽的关系。

　　这是孩子可以学习的简单的亲社会行为，父母可以用情商技巧"赞美五步曲"培养孩子赞美他人的能力。

　　孩子对事物的看法局限在表面性和情绪性上，还不能看到事物的本质，因此父母可以培养孩子先学会找出别人的优点（哪怕是表面的或带有情绪性的）。如"姐姐的裙子真好看""这个城堡真高"，这都是在描述事实；"我好喜欢啊"，这是在表达感受；最后可以再加上期望，"我可以一起玩吗。"

　　你看，这就是一个美好的开场白了。父母可以把握各种教育契机，引导孩子赞美别人，让孩子逐渐掌握这一个非常有效的人际交往技巧，维持良好的人际关系。

第五节 集体游戏乐趣多

> 个人离开社会不可能得到幸福，正如植物离开土地而被扔到荒漠不可能生存一样。
>
> ——列夫·托尔斯泰

情商信念 —— 集体游戏乐趣多

儿童情商故事

孤单的小刺猬

Lucky 熊最近总觉得有一双眼睛在看着他，不管是吃饭还是睡觉，都有一双眼睛在盯着他。好几次，当他和羞羞兔、小花猫他们在草地上玩的时候，他甚至能看到灌木丛里有一双绿油油的、冰冷的眼睛，他感觉到背后有一阵阵凉气，但是又不敢去灌木丛中找，他也担心说出来会吓到其他小伙伴，于是就把这个秘密藏在了心里，这一藏就是好多天。

这一天，Lucky 熊和小伙伴们在草地上玩小皮球，小花猫一用力，小皮球就划了个美丽的弧线，掉到灌木丛里了。

羞羞兔离得最近，一蹦一跳地朝灌木丛跑去。

啊，绿眼睛还在那里呢！

"不要去！"Lucky 熊用尽全身力气喊出来，现在可不能藏秘密了，不然羞羞兔要有危险了。

"那里有、那里有怪物，他有一双绿眼睛。"

"啊，怪物，绿眼睛的怪物。"羞羞兔吓得一下子跳了好多步，离灌木丛远远的。

"绿眼睛的怪物，吓死我了。"小乌龟一下子缩进龟壳里，小眼睛在里面滴溜滴溜地瞄着灌木丛。

"有怪物，有怪物。"小喜鹊和小黄鹂扑扑翅膀，一下子飞到树上。

"我才不信有怪物呢！"小花猫的胆子可真大，一小步一小步地往灌木丛走去。

"不要过去，危险。"Lucky 熊要拉住小花猫。可是小花猫已经离他好几步远了。

不行，不能让小花猫自己去，万一真的有危险，就糟糕了。

Lucky 熊虽然很害怕，但是也紧紧地跟在小花猫身后，朝灌木丛走过去，手里拿着刚刚从地上捡的树枝，有危险，还可以保护一下大家。

"我来看看是什么怪物。"小花猫一下子拨开了灌木丛。

"啊！"尖叫声传得好远。啊，真的有怪物。

这下所有小伙伴都慌了，小黄鹂和小喜鹊顾不上看热闹，一下子就飞得好远。

"哈哈哈，骗你们的，哪里有怪物。就是小刺猬躲在这里。"小花猫可真调皮。

"小刺猬，你怎么在这里啊？这些天都是你在这里吗？"Lucky 熊可要生气了，原来是小刺猬躲在这里观察他呀，他可是被吓了好些天啊。

"对，对不起，我只是，只是……"小刺猬低着头，浑身的刺尖尖的，让人不敢靠近。

"你在这里干嘛啊，好吓人啊！"

"就是，就是，可把我们吓坏了。"小伙伴们七嘴八舌地说开了，小刺猬的头更低了。

"我只是想和你们一起玩，我不想再自己一个人玩了，我以后不再说让你们难过的话了。可是我不知道怎样才可以加入你们，所以就，所以就躲在这里看你们。我不是故意吓你们的。"小刺猬说着，吧嗒吧嗒地掉着眼泪。

"也不能怪你，是我自己没看清楚，就以为是怪物。"Lucky 熊不好意思地挠挠脑袋。

"好啦好啦，没有怪物了，我们继续玩球吧。"小花猫拿着球又跑到草地上了。

"没关系，小刺猬，只要你说出来，我们会答应的。"Lucky 熊伸出了他那双毛茸茸、温暖的手。

"真的吗？我可以加入你们的游戏，和你们一起玩吗？"小刺猬不敢相信地瞪大了眼睛，看着 Lucky 熊。

"当然可以啊，欢迎欢迎。集体游戏乐趣多。"Lucky 熊朝小刺猬露出一个大大的笑脸。

小刺猬开心地在地上滚了好几圈。

这下子，Lucky 熊他们又多了一个一起玩游戏的小伙伴啦，相信游戏会更加好玩的。

🗨 **亲子情商讨论**

请父母带着小朋友一起讨论以下问题：

➤ Lucky熊有个什么秘密呢？

➤ 小刺猬是故意躲在灌木丛里假装怪物的吗？

➤ 小刺猬为什么一直躲在灌木丛里呢？

➤ 假如小刺猬一直躲着，也不说他的想法，Lucky
熊他们会知道吗？

➤ 最后Lucky熊他们同意和小刺猬一起玩游戏了吗？

亲子情商游戏 —— 我想玩游戏

游戏规则（见下图）：

- 抽签分配角色，一个人抽到"暂停游戏签"，其余人一起玩
  游戏。
- 抽中"暂停"签的人要用加入集体游戏的技巧，练习加入
  游戏。
- 根据表现，游戏者投票决定是否让其加入。

注意： 当父母抽到签的时候，可以用一些不恰当的方式，例如一直在看不说话，走过去就捣乱，说"你这个不好看"，"你们玩的什么乱七八糟的"，"幼稚，我比你厉害多了"，等等。之后邀请孩子做裁判，指出哪些行为是孩子自己不喜欢的，并且让孩子给对方建议，教会对方如何加入集体游戏的情商技能。通过游戏体验，让孩子在教授的过程中掌握加入集体游戏的情商能力。

亲子情商家庭教育策略

（1）让孩子感受到团体游戏的乐趣

下图是列夫·托尔斯泰说的一段话。

自然界中，为了更好地繁衍种族，很多动物选择以群居的方式生存，彼此间相互关照，相互协助，获得更多的食物和抵御其他掠食者的进攻，而一旦个体徘徊淘汰在集体之外，便面临着严重的生存危险。

其中人类作为高级社会性动物，从古至今便以群居生活维持着种族的繁衍和发展，而今天的地球村，更是团结世界各民族的集体力量，创造一个更加美好的未来。由此可见，个体需要依托群体，在群体中满足情感需求，在群体中实现自己的价值，如若个体离开社会不可能得到幸福，正如植物离开土地而被扔到荒漠不可能生存一样。

——列夫·托尔斯泰

列夫·托尔斯泰的这段话，说出了集体生活对于个人的重要性，而对于孩子来说，集体生活的吸引力更是无与伦比。大部分孩子都是渴望融入同伴的游戏里面的，但是参与方式就是各不相同了。

有些孩子直接冲进人群中，自来熟一样，拿起玩具或者直接就说我要怎么玩。

有些孩子呢，你会发现他就一直在旁边游离、观望，不敢开口说要加入。

还有一些孩子在一边假装高冷地说，哼，一点都不好玩，但是小眼睛却一直瞄着。

这几种情况都会让孩子游离在团队以外，甚至被孤立，而远离集体，或者被孤立的孩子都是不开心的，且随着时间发展，孩子会更习惯一个人玩耍，也会缺少团队集体生活，缺少合作经验和意识。

但孩子是不可能置身在团队外的，小学的班级比赛、以后的社团活动、工作的项目小组这些都是团体，如果没有从小积累的团队人际经验，一旦置身其中，就会难以处理团队中复杂的人际关系，孩子就可能会感到有压力，或者是抗拒团体生活，影响就比较大。

因此，父母可以重新构建孩子对于团队的情绪体验，给他创造愉悦的团体游戏机会，让孩子感受到团体的乐趣。

父母可以利用节日游园、郊游踏青、参观游览、走亲访友、演出比赛等机会，有意识地安排孩子与集体频繁接触，增进孩子对集体活动的认识与了解，提高孩子参与的热情和积极性。

同时在这个过程中，父母可以根据不同孩子的能力、爱好、兴趣安排活动，给孩子提供发挥特长、帮助别人、服务于集体的机会，让孩子感受到在集体中的价值感和存在感，通过掌声和鼓励诱导孩子在集体活动中发挥主动性。

（2）强化孩子加入集体游戏的情商能力

虽然我们给孩子创造了集体活动的机会，但还是需要孩子自己走出第一步，去参与集体游戏。如果孩子还是徘徊在集体边缘，多数父母是着急焦虑的，会催促孩子"去、去和他们一起玩"，或者会领着孩子来到小伙伴面前，父母代替孩子开口。可能当下加入游戏了，但是下次孩子还是因为缺乏加入集体的人际交往能力而被排斥在外。

因此，父母可以用情商技巧"加入集体四步曲"来强化孩子加入集体游戏的情商能力。如下图所示。

加入集体四步曲

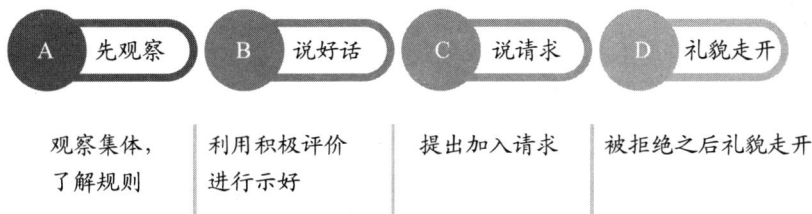

A　先观察	B　说好话	C　说请求	D　礼貌走开
观察集体，了解规则	利用积极评价进行示好	提出加入请求	被拒绝之后礼貌走开

第一步：先观察。

首先第一步，先观察，孩子可以先安静地站在附近，观察同伴的集体活动过程。这个阶段的做法使孩子通过观察了解这个集体，知道集体中有什么人，有哪些规则，在做什么事，哪些是带头人，先了解清楚，知己知彼，百战百胜。

第二步：说好话。

了解完之后，就可以说好话了。对这个集体或他们进行的活动进行积极的评价和赞美。我们都知道，团体一定是更愿意接纳一个友善的、喜欢自己团队的成员，而不是一个各种挑刺、说这也不好那也不好的成员。

积极正面的评价是一种示好行为，让团队知道你是友善的。比如

"你们这个游戏真好玩""你们的城堡搭得真好看"。

如果孩子也会玩，也可以引导孩子说出"我也会玩这个游戏"，让集体知道他也可以玩好这个游戏，团队更愿意接纳一个有能力的人。

第三步：说请求。

做完前面两个步骤，铺垫就完成了，孩子就可以直接提出请求了，询问同伴集体，他是否可以加入他们的活动。如果对方同意，那么就皆大欢喜，可以一起开心游戏。

第四步：礼貌走开。

既然是请求，就有可能被拒绝，因为这是很常见的情况，有些孩子被拒绝后会很失落，也会觉得是自己不好，不敢再尝试，这不利于事情的进展，也不利于孩子性格的养成。

因此父母可以和孩子打好预防针，有时候团队拒绝是因为人满了，或者他们不打算接收新的伙伴，并不是你不好，让孩子做好心理准备，学会礼貌走开，可以等下一轮，或者寻找下一个团队来加入。此时如果孩子有很强的情绪反应，那就运用之前学习的情绪管理技巧处理孩子的情绪，再来解决问题。

（3）引导孩子逐步掌握交往技能，在团体中愉快成长

有些孩子加入新的团队之后，由于"霸道""任性""野蛮""唯我"等性格很快便会遭到团队的排斥，重新被孤立于集体之外，因此孩子需要学习更多的人际交往技能才可以更加和谐地和小伙伴相处，被团队成员接纳和喜欢，从而收获团队的认可，真正喜欢上团队生活。

这些人际交往技能包括分享、谦让、赞美、倾听、换位思考、问题解决、分享与合作等，需要反复练习。父母需要创造更多的环境强化孩子的这些情商技能，多带孩子和同龄小朋友接触，让孩子去尝试、去运用。

同时，父母在这个过程中给孩子时间，也给自己时间，循序渐进地培养孩子的情商能力，不断学习，不断强化。

第七章

挫折抵抗能力——
失败了，也没关系

▌第一节　认识挫折抵抗能力

> 挫折对于天才是一块垫脚石，对能干的人是一笔财富，对弱者是一个万丈深渊！
>
> ——巴尔扎克

挫折是指人们从事有目的的活动时，遇到障碍或干扰，致使需要和动机不能满足，因而产生焦虑和紧张不安的情绪状态，简单来说就是现实不符合期望，从而产生的失望、焦虑、生气等情绪感受。简单点说，就是遇到不如意的事情后心情不好。

孩子常见的表现就是，只爱听好听的话，不能被批评，不能听重话，只要事情没按照自己的要求就发脾气等，这些都是抗挫力差的表现。

那么问题来了，如果一个孩子考试不及格照样嘻嘻哈哈不难过，心态好得不得了，也就是通常讲的心大，能说明这个孩子挫折抵抗能力强吗？

答案是不能。因为挫折抵抗能力表现在两个层面。如下图所示。

挫折抵抗能力两层面

态度层面
面对这些失败、挫折、不如意，保持一个乐观积极的态度。

行为层面
越挫越勇，努力做好。

挫折会让孩子变得更加强大，这才是挫折的真正意义。

第二节　挫折让我更强大

> 所有坚忍不拔的努力迟早会取得报酬的。
>
> ——安格尔

情商信念 —— 挫折让我更强大

儿童情商故事

59 分的试卷

今天是发数学试卷的日子，Lucky 熊非常担心，他考完试后就感觉自己答得不是特别好，不知道会考得怎么样。

果然，试卷发下来了，一个大红色的数字写在醒目的位置，"59"分。

天啊，没有及格。Lucky 熊惊讶地捂住了嘴巴。

怎么办？要是让别人知道自己考试不及格，那可真是太可怕了啊。

要是艾维尼妈妈知道了，肯定会叉着腰、瞪着眼，变成生气超人。

要是熊爸爸知道了，肯定会皱着眉、抱着手，变成可怕的鲨鱼。

还有，要是让小表弟知道了，肯定会拍着手、咧着嘴，变成说话大喇叭，叭叭的到处去说，到时候所有人都会知道 Lucky 熊考试不及格，大家全部会跑到家门口来笑话他，想想都觉得可怕啊。

每一种情况都这么糟糕，Lucky 熊吓出了一身冷汗。

他赶紧把试卷揉成一团，想着：不行，我不能让别人知道我考试不及格，不然结果可真是太可怕了。我要把试卷藏起来。

可是藏在哪里呢？

对了，我可以找个树洞把试卷藏起来。Lucky 熊高兴地跑到一个树洞下，刚把试卷放进去，就自言自语地说："小兔子一家最喜欢藏在树洞里了，要是被他们看到我不及格的试卷，那小兔子们肯定会笑得捂住肚子，还会去和土拨鼠一家说，土拨鼠又去和獾说，獾又和其他人说，那所有人又都会笑话我了。"

Lucky 熊赶紧把试卷拿出来，紧紧地攥在手心里，他松了一口气，还好没被小兔子发现。

可是又要藏在哪里呢。

对了，找棵大树，藏在树顶。Lucky 熊急忙跑到一棵大树下，刚想把试卷扔上去，就自言自语："要是被鸟妈妈叼去给小鸟们当被子，不就可以看到试卷上的 59 分了吗？到时候小鸟们一定会叼着我的试卷到处去给别人看的，所有人都会笑得肚子痛，那我可不敢出门见人了。"

Lucky 熊赶紧把试卷放在口袋里，用手摸了好几次，确定试卷还在。

Lucky 熊的眉头皱得紧紧的，他不断地挠着脑袋，转动着眼珠，一定要想出一个好地方来藏试卷。

不知不觉间 Lucky 熊就走到家门口了，正好碰见在倒垃圾的艾维尼妈妈。

"妈妈，妈妈。"Lucky 熊低下头，小声地叫着妈妈。

"嗯，Lucky 熊回来啦。先吃饭，吃完饭我们分析一下今天的试卷，下次可不能再考 59 分了。"艾维尼妈妈拍拍 Lucky 熊的头，拉着他的手走进门。Lucky 熊满脑子疑惑，艾维尼妈妈是怎么知道我的分数的呢？

"来，Lucky 熊，把试卷先给爸爸看一下。"熊爸爸笑眯眯地坐在沙发上说。

Lucky 熊抬起头看看艾维尼妈妈和熊爸爸，没有生气超人，也没有可怕的鲨鱼，他们都笑眯眯地看着自己。Lucky 熊犹豫了一会儿，才把揉成一团的试卷递给熊爸爸。

熊爸爸戴上眼镜，认认真真地看起了试卷。

原来，没有什么可怕的，一切都只是自己想象中的可怕后果而已，根本就没有发生。Lucky 熊大大地松了一口气，然后就和熊爸爸一起认认真真地分析试卷了。

原来自己的算数有错误，还有图形也画得不标准，下次一定要改正过来。

和熊爸爸一起分析完试卷，Lucky 熊重新拿起数学课本和练习题，认真地做了起来。下次我一定要考 90 分，Lucky 熊暗暗做了决定，然后更加努力做题了。

相信下次的成绩，一定会更好。因为，挫折让我更强大。

🎀 **亲子情商讨论**

请父母带着小朋友一起讨论以下问题：

➤ Lucky熊为什么要把试卷藏起来？

➤ Lucky熊考了59分，认为艾维尼妈妈和熊爸爸
会做什么事情？

➤ Lucky熊为什么不敢把试卷藏在树洞里和大
树上？

➤ Lucky熊回家后发生了什么事情？

➤ Lucky熊为什么更加努力地学习了？

亲子情商游戏 —— 挫折藏宝图

游戏规则（见下图）：

- 父母引导孩子学会挫折五步曲。
- 一起设计制作挫折藏宝图。
- 分享遇到的挫折，如何运用挫折五步曲解决问题（见下图）。

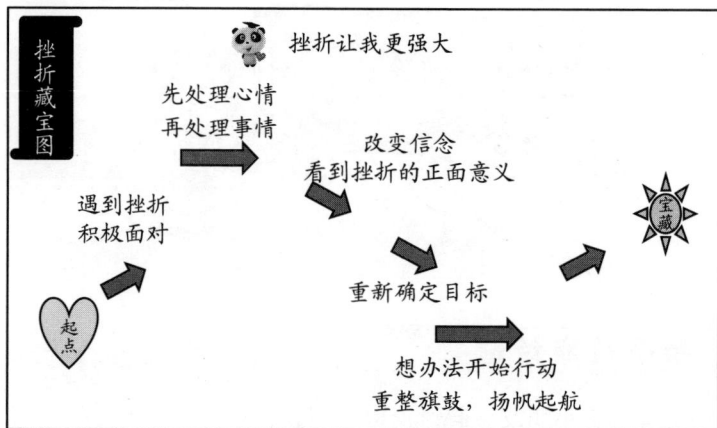

挫折藏宝图

挫折让我更强大

先处理心情
再处理事情

改变信念
看到挫折的正面意义

重新确定目标

想办法开始行动
重整旗鼓，扬帆起航

遇到挫折
积极面对

起点

宝藏

"我曾经在生活中遇到过很大的挫折，由于缺乏锻炼，我的体重嗖嗖的上涨……"

"我在工作中经历了一段低谷，资金链断裂……"

"我在学习上遇到了困难，我对英语不感兴趣，总是学不好……"

我们该如何利用挫折五步曲解决问题呢？

注意：孩子在做每一件事情的时候，对结果都抱有美好的期待，但不是每件事情的结果都是美好的。当现实和期待出现落差时，孩子就会有挫败感，这是一个负面情绪强烈的艰难时刻。制作挫折藏宝图的过程中，孩子进一步了解了挫折，认识到挫折并不是想象中那么可怕，自己是有办法解决的，从而增强了挫折抵抗能力。

亲子情商家庭教育策略

培养孩子抗挫折能力，可以用到情商技巧"挫折管理五步曲"。如下图所示。

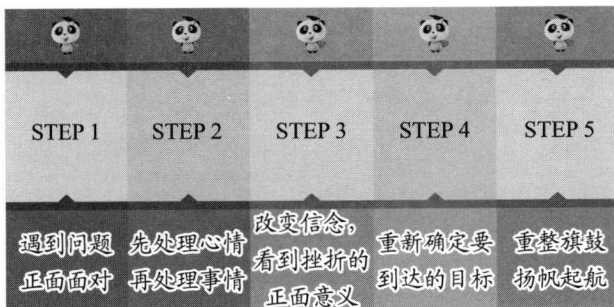

挫折管理五步曲

STEP 1	STEP 2	STEP 3	STEP 4	STEP 5
遇到问题正面面对	先处理心情再处理事情	改变信念，看到挫折的正面意义	重新确定要到达的目标	重整旗鼓扬帆起航

（1）遇到问题，正面面对

遇到问题，只有正面面对并接受，才有解决的可能性，逃避否认问题并不会产生任何效果，挫折也是如此。而挫折的产生和挫折容忍度有关。

例如小学一年级的小朋友，如果作业忘带了，他们会特别着急，觉得天要塌下来了；而对于一个高中生而言，同样忘记带作业了，和老师如实说就行了，即使被批评，他们也基本不会有太大的情绪反应。

为什么这样呢？就是经历的事情多了，挫折容忍度也高了。父母可以用情商技巧"挫折容忍度提升三步曲"来提高孩子的挫折容忍度，帮助孩子更容易接纳挫折。如下图所示。

挫折容忍度提升三步曲

减少特殊待遇　＋　增加挫折体验　＋　模拟想象挫折带来的后果

第一步：减少特殊待遇。

当孩子成为家庭的中心，家人们凡事以孩子为主，孩子便会形成错误的认知，"我就是一切的中心""我想的，我要的，都会得到满足"。当孩子不如意的时候，自然接受不了，无论是情绪还是行为都会比较激烈。

因此适当地减少孩子的特殊待遇，让孩子适当地有被他人拒绝和否定忽视的经历，能减少他们的不如意感。

比如发东西，先给老人发，再给其他人发，最后给孩子发。

　　布置任务，或安排事项时，先以其他人的想法为主，然后再轮到孩子。

　　到外面旅游或者活动，看到孩子累了，不一定要立马停止，可以让他们坚持一会，先选择照顾其他人。

　　…………

　　原则就是权衡好孩子与他人的关系，让孩子明白"我很重要，其他人也都非常重要"。千万不要变成故意冷落疏忽孩子，这反而会造成孩子有"被忽略""被遗弃"的感觉。

　　第二步：增加挫折体验。

　　初入职场，很多人都有这种体验，被领导骂会感觉无地自容，各种委屈，但是一段时间后，在办公室被骂得很惨，转身就可以和同事嘻嘻哈哈，还开玩笑说被骂习惯了，没多大的事。

　　这就是挫折体验增加，心理承受能力变强了。但我们的孩子却是相反的，过度保护就会导致一点小事变成了天大的坎。因此父母要适当地为孩子创造一些挫折体验，比如下棋、打扑克、赛跑，让孩子有输有赢，一方面让他们体验成功的喜悦，另一方面，也让他们经历一些失败，多点挫折。

　　第三步：模拟想象挫折带来的后果。

　　未知是充满恐惧的，很多时候孩子接受不了挫折，是因为不知道会发生什么后果，或者过分想象，放大了挫折可能带来的后果。

　　比如孩子认为考试不及格会被父母狠狠揍一顿，输了一场比赛从此以后就会抬不起头。父母觉得是杞人忧天，但孩子却越想越当真，越想越害怕，只想逃离。

　　父母可以利用场景游戏模拟想象的方式，列出孩子常见的挫折情况，比如考试成绩不及格，孩子觉得会发生什么事情呢？最严重的后果是什么呢？竞选落选了，会发生什么事情呢？可以怎么应对呢？

　　这样的模拟练习可以增加孩子对未来的可控制感，增加安全感，也让他们能够做好心理准备去面对可能发生的挫折。孩子增加对挫折后果的预见性是提高孩子抗挫力非常重要的一个环节。

（2）先处理心情，再处理事情

当孩子遇到挫折时，他的情绪反应是很大的，生气愤怒、伤心崩溃，这些都会发生。所以当孩子情绪异常时，父母先运用情绪管理技巧进行引导，之后再进一步处理事情。

（3）改变信念，看到挫折的正面意义

挫折，就是乔装而来的机会。但大多数人会陷在挫折的情绪里面，而无法理性地看到挫折。这也是为什么要先处理情绪再解决问题的原因。

当孩子情绪舒缓下来，父母就可以将他的关注焦点从现状里转移出来，看到挫折带来的正面意义了。为什么会考不及格，是因为难度太大，还是没有复习，还是哪个知识点确实没有掌握，找到产生挫折的原因，解决它，那就是进步的方向。

> 情商语言
>
> ➤ 来，我们一起看看你这次英语考试哪些地方丢了分数呢？嗯，作文，是词汇量不够，还是语法错了呢？
> ➤ 这次小主持选了豆豆，没选你，你觉得是什么原因呢。哦，豆豆说得比较有感情是吗？那如果你也想当小主持，可以怎么做呢？
> ➤ ⋯⋯⋯⋯⋯

（4）重新确定要到达的目标

挫折的另一面是成功，那做到什么程度才算成功呢？父母要和孩子定个清晰的目标，让他知道自己到底要做到什么样的标准。这个要根据每个孩子的实际情况而定，如果孩子只考了 60 分，却定了个

100 分的目标，那么下次考个 80 分，即使是进步了，但对于孩子来说还是失败的。甚至，孩子会觉得努力也没用，还是没法做到。

因此，定目标需要满足孩子的实际情况，可以先定低一点，实现之后再依次提高，循序渐进。

（5）重整旗鼓，扬帆起航

在哪里跌倒就在哪里爬起来，最终走到终点，这才是孩子具备了挫折抵抗能力的表现。因此，父母需要和孩子一起商谈问题的解决方案，为了实现目标，接下来需要怎么做，可以把它写成具体的计划书，贴在家里醒目的地方，时刻提醒孩子、鼓励孩子。

在这个过程中，孩子还会受挫，请记住，父母就是孩子最温暖的港湾，需要给他支持关爱陪伴，让他带着这一份爱再次出征，用顽强的毅力去征服一座座高峰。

第三节　加油，我能行

> 人之所以能，是相信能。
>
> ——哥本哈根大学校训

情商信念 —— 加油，我能行

儿童情商故事

猴妈妈的生日礼物

猴妈妈的生日就要到了，小猴跳跳准备画一张画送给妈妈。于是这几天下课后，小猴跳跳都带着画板，靠在大树下面画画。

画了好多张画后，小猴跳跳满意地放下画笔，自己欣赏起来。

可是看着看着，他的眉毛都皱在一起了。

"小猴跳跳，你在干什么啊？"羞羞兔和 Lucky 熊蹦蹦跳跳地跑过来了。

"我想画妈妈，可是你们看，都不像。"小猴跳跳大大地叹了一口气。

Lucky 熊和羞羞兔把头凑了过来，看了一会，两个小伙伴的眉毛不约而同地挤在一起了。

"看起来是不太像。"Lucky 熊挠了挠脑袋说。

"多多练习会成功的。"羞羞兔跳了起来说，"小猴跳跳，多画一画就像了。这样吧，我和 Lucky 熊给你当模特吧。"

说完，羞羞兔摆好了姿势，大声地说："加油，你能行的！"

"嗯。"小猴跳跳用力地点点头，说："好，加油，我能行！多多练习会成功！"

于是，它开始画起来了，他一会儿看看羞羞兔，一会儿低头画几笔。可是，画里面的羞羞兔和眼前的羞羞兔还是不一样，耳朵一只长一只短，腿也一条胖一条瘦。

"没事没事，再来，画我吧！加油，你能行！"Lucky熊也摆好了姿势。

"好，加油，我能行！多多练习会成功！"小猴跳跳又埋头画了起来。画了一张、两张、三张，可是画里的Lucky熊眼睛一只大一只小，Lucky熊看得眉毛都皱在一起了。

"唉，"小猴跳跳重重地叹了一口气，低着头说："唉，我画不好的，太难了。"说完，他把画笔扔在一边，抱着胳膊嘟起嘴，又叹了一口气。

"对了，小猴跳跳，当事情有点难，觉得自己做不好、做不下去了，就到能量加油站给自己加加油吧。"Lucky熊一把拉起小猴跳跳，高兴地说。

能量加油站，这是什么东西啊？小猴跳跳歪着脑袋好奇地看着Lucky熊。

Lucky熊神秘地笑了笑，并不说话，拉着小猴跳跳就跑了起来。

等到了小猴跳跳家里，Lucky熊和羞羞兔把小猴跳跳关在房间外面，就开始在房间里忙碌了起来。小猴跳跳只听到叮叮当当、乒乒乓乓的声音，好几次他都想推门进去，可是门从里面关紧了，他只能站在门口干着急。

过了好一会，伴随着吱嘎一声，门打开了。

小猴跳跳快速地跑进了房间，哇，他惊讶地张大了嘴巴。

自己的房间里多了一个神奇的小角落。角落里放着一张小桌子，桌子上放着3个自信魔力罐，这可是小猴跳跳一年来得到的优点清单呢。桌子上还放着自己最喜欢的香蕉抱枕。在墙上，还贴满了小猴跳跳的赞美小太阳。

"这个就是你的能量加油站啦！"Lucky 熊高兴地把小猴跳跳拉过来，指着自信魔力罐和赞美小太阳说，"有时候啊，我们会遇到很困难的事情，做了好久都没有做好，就会怀疑自己，还会感觉累，觉得自己做不好了。那就说明我们没有能量了，需要加加油。就像汽车一样，要加满油才能继续跑得快哦。"Lucky 熊朝羞羞兔眨眨眼。

羞羞兔也笑眯眯地说："是啊，小猴跳跳，以后你遇到难题，觉得有点难了，就可以到能量加油站来给自己加加油哦。看看赞美小太阳，再看看优点清单，你会发现啊，原来自己是很厉害的，就会有力量来面对现在的困难了哦。来，我们一起来加油吧。"

说完，Lucky 熊、羞羞兔和小猴跳跳一起看起了赞美小太阳，又拿出自信魔力罐，时不时地哈哈大笑。

小猴跳跳露出了大大的笑脸，他又拿出了画笔，铺开画纸，深深地吸了一口气，对自己说，"加油，我能行！"

然后，认真地画起了画。

相信，他一定可以画出一幅最美的猴妈妈画像。

亲子情商讨论

请父母带着小朋友一起讨论以下问题：

➤ 小猴跳跳最开始画的妈妈画像好看吗？

➤ 他为什么不想画了？

➤ Lucky熊和羞羞兔为了帮助小猴跳跳做了什么
事情呢？

➤ 小猴跳跳为什么又有信心画画了呢？

亲子情商游戏 —— 能量加油站

游戏规则：

● 选一个角落，或者是孩子喜欢的地方搭建能量加油站。

"书房一角是我的能量加油站！"

● 把赞美小太阳、自信魔力罐和孩子喜欢的抱枕放在能量加油
站里。

● 当孩子遇见难题时，父母和孩子可以一起到能量加油站里给
自己加油。

亲子情商家庭教育策略

（1）接纳孩子的退缩逃避，不要指责

随着孩子年龄的增长，接触的事情和需要学习的技能随之增多，难度也相应提升，由于孩子对事情的认知一般是比较简单和浅显的，对于一些稍微有难度的事情，他们往往很容易选择放弃和逃避。除非是非常专注且对这件事非常感兴趣的孩子，才会坚持下去。因此"好难啊""我不会""我不知道怎么办""你帮我吧"这些话语就经常成为孩子面对问题时的回答。

而很多时候，面对孩子的"我不会"，父母往往没办法心平气和地来教他们。为什么父母会如此烦躁呢？先和大家分享一个小故事：

> **案例**
>
> 有一次，我到一个混龄教学的幼儿园驻园培训一周。上午，一个大概2岁多的男孩，举着手和老师说："老师，我要拉粑粑。"副班主任是新人，问他："那你会自己擦屁股吗？"小男孩特别可爱，笑着摇摇头说："我不会。"副班主任笑了一下，拉着小男孩的手去洗手间了。
>
> 下午又有一位5岁左右的男孩，也举起手说要拉粑粑，副班主任也带着去了。但不一会，就听到洗手间传来她的声音，充满惊讶和不解，"啊，你不会擦屁股，怎么可能，你都5岁了，怎么还不会擦屁股呢……"

同样是不会擦屁股这件事情，为什么这位老师对两个男孩的态度不一样呢？

因为她觉得，2岁多的孩子不会擦屁股很正常，可以接受，所以她带着平常心态帮孩子擦了。但是在她的认知里，5岁的孩子就应该

具备这个自理能力了，当她发现这个孩子竟然不会的时候，就有点接受不了了，就会想：这么简单的事情，怎么还不会呢？

她的不同态度，是因为期望不一样，她对 5 岁的孩子有期望，觉得他应该能做好这件事，但发现他做不好的时候，就会有情绪了。这也就是我们做父母的心态。

孩子在做作业时跟父母说："我不会做。"父母过去一看，火气噌噌噌就上来了："这么简单，怎么就不会呢，昨天不是刚给你讲过吗？怎么又不会了呢？"

其实父母背后的心理动机就是"父母期望孩子会"。

有了期望，就会有标准，有要求，当孩子达不到，父母就火急火燎有情绪了。当带着情绪去教孩子或者帮他处理事情的时候，父母就会很烦躁，边教边说边指责，孩子的状态也不好，要么不认真，要么总做错，不用说，父母的火气就更旺了。

因此面对孩子这种情况的时候，父母要调整自己的心态（见下图）。

> **案例**
>
> 接纳孩子目前的能力水平。孩子不会，这是现实。再骂再打，也改变不了现状，反而会激起孩子的逆反心理。
>
> 谁都有不会的时候，每件事情都是从不会到会的。
>
> 现在孩子需要的是有效引导支持，不是批评打骂。

当然，如果父母自己有情绪，这是正常现象，谁都想让子女成龙成凤、优秀能干。现实和期望不一样时，失望、焦虑、着急是正常的，没关系，父母可以先处理自己的情绪，再处理孩子的事情。

同样的，这个过程中父母也需要处理孩子的情绪。很多孩子在面对困难时，他们会感到焦虑、恐慌，父母也要协助孩子管理情绪。当孩子感受到父母理解他的处境，而且态度是包容的，他们也会感受到安全感，感到更加踏实，会更加配合接下来的教育。

> 情商语言
>
> ➤ 哦，这个你觉得挺难的是吧？
>
> ➤ 这件事你还不会做是吧？
>
> ➤ 妈妈也觉得有点难。
>
> ➤ ……………

（2）把握教育契机，坚定"加油，我可以"的情商信念

"妈妈，你帮我好不好。" "爸爸，我不会。" "老师，我做不了。"

这是孩子抗挫能力差的表现，遇到难题不主动想办法解决，第一反应就是退缩逃避，甚至是放弃。这样下去后果可想而知，孩子会形成"事情好难啊，我不会"的思维模式，形成遇到困难就放弃的行为习惯。这是很可怕的，放弃不做了，自然做不好事情。做不好事情，能力自然提高不了，个人成就也会很有限。而且孩子会非常没有价值感，觉得自己这里做不好，那个也不会，最后什么事情都不愿意做，整个人悲观消极、郁郁寡欢。

因此，父母要让孩子在遇到挫折困难的时候，第一时间学会自我鼓励。因为父母不可能随时在孩子身边鼓励他，更多的力量需要源于孩子自身，自给自足。自己给自己加油打气，有力量继续做下去，继续行动起来，这才有克服困难的希望，才有可能找到办法，最后解决问题。

情商语言

➢ "加油"是对自己的激励和鼓舞。

➢ "我能行"是对自己能力的肯定。

自我鼓励是将孩子的焦点从"情绪区"中调整出来，关注在"解决问题"上。

父母可以用情商技巧"自我鼓励四步曲"来引导孩子学会鼓励自己、加油打气。如下图所示。

自我鼓励四步曲

接纳现状，建立同盟

鼓励自己，成功体验

拆解行为，明确过程

逐步放手，自我鼓励

第一步：接纳现状，建立同盟。

当孩子遇到困难来求助，或者准备放弃的时候，父母要表达对他的接纳，这是在给孩子注入信心。同时父母可以表达自己也觉得挺难的，让孩子减少自我否定，这样才能让他有继续努力的勇气。

第二步：鼓励自己，成功体验。

此时，父母要鼓励自己，并尝试来做这件事，用行为带动孩子。这个时候最好不要和孩子讲道理，特别是畏难情绪强的孩子，越是推着他做，越有可能放弃。因此，建议父母自己亲自示范，让孩子看到这件事是有可能做好的，这样孩子才有尝试的勇气。要注意一点，孩子觉得很难的事情，父母在展示的时候，不要一次性做到位，或者很简单地就完成了，这只会让孩子看到能力上的差距，会给孩子带来更大的挫败感。

情商语言	➤ 嗯，这个是有点难度的，妈妈来试一下。加油，我能行！ ➤ 妈妈试了一下也没有成功，再来一次，加油，我能行！ ➤ …………

第三步：拆解行为，明确过程。

成功完成这件事之后，父母可以给孩子拆解行为，是怎么一步一步完成的，让孩子看到整个过程。

第四步：逐步放手，自我鼓励。

之后，父母就可以鼓励孩子自己做了。带着孩子，从简单的事开始做起，做递减帮手，到最后，一定要放手让孩子去应对整个过程，父母在旁边观察，当孩子遇到困难时，可以再引导孩子自我鼓励。

　　父母逐步去培养孩子自我激励的能力，让他去突破困难，创造自己一个又一个成就。

<table>
<tr>
<td rowspan="3">情商语言</td>
<td>➤ 来，我们给自己打气，加油，我能行！</td>
</tr>
<tr>
<td>➤ 遇到困难怎么办？来，给自己打个气，加油，我能行！</td>
</tr>
<tr>
<td>➤ …………</td>
</tr>
</table>

第四节　对不起，我错了

> 最好的好人，都是犯过错误的过来人；一个人往往因为有一点小小的缺点，将来会变得更好。
>
> ——莎士比亚

情商信念 —— 对不起，我错了

儿童情商故事

天啊，有怪物

小伙伴们正在一起踢足球，

哇，Lucky 熊这一脚踢得太漂亮了，足球划了一道美丽的弧线朝球门射过去。咦，不对，方向偏了。

啊，不好了，足球朝黑熊大叔家里的方向去了。

随着砰的一声，一盆盆栽从窗台上掉了下来，花盆碎成了几片，这可是黑熊大叔新种的花啊！

天啊，Lucky 熊愣住了。Lucky 熊想起黑熊大叔凶凶的脸，浑身颤抖了一下。不行，不能让黑熊大叔知道是我闯的祸，要赶紧跑。

Lucky 熊和小花猫，抱起足球，跑得飞快。Lucky 熊觉得自己从来没有跑这么快过。不一会儿就气喘吁吁了，可是他还是继续向前跑着，不敢停下来。

"哎哟！"Lucky 熊和羞羞兔撞在一起了。

"快跑，快跑。"Lucky 熊爬起来，又朝前面跑去了。

"怎么啦? Lucky熊怎么跑这么快?"羞羞兔揉揉摔疼的腿，从地上爬起来说，"难道发生了什么可怕的事情? 难道是后面有怪物在追他? 天啊，有怪物。我也得赶紧跑!"羞羞兔顾不上摔疼的腿，一蹦一跳地跟着Lucky熊跑。

"哎哟!"羞羞兔和小象皮皮撞在一起了，这下还是羞羞兔被撞倒在地上。

"怎么啦? 你为什么要跑这么快?"小象皮皮用鼻子扶住了羞羞兔。

"快跑，快跑，后面有怪物追着我们。"羞羞兔趁着这会揉了揉摔疼的腿。

"天啊，有怪物。"小象皮皮张大了嘴巴说:"你先跑，我去通知大家，都赶紧跑。"

砰! 砰! 砰! 小象皮皮一跑起来，地上的灰尘都被震起来了。在扬起的灰尘中，小狗汪汪也加入了奔跑的队伍，小山羊和小狐狸也加入了奔跑的队伍，连慢吞吞的小乌龟也紧紧地跟在队伍后面。

终于跑不动了，Lucky熊停了下来，躺在草地上，大口地喘着气。一回过头，发现好多人跟在身后，这是怎么回事呢?

"Lucky熊，是什么怪物啊?"小象皮皮走过来了，身后还跟着个庞然大物。

"怪物? 什么怪物啊?"Lucky熊歪着脑袋，疑惑地看着大家。

可是等他看清小象皮皮身后的庞然大物时，他尖叫了一声，又要开始跑了。原来是小象皮皮把黑熊大叔请来了。

黑熊大叔洪亮的声音响了起来，"Lucky熊，怪物在哪里? 带我去看看。"

这下该怎么办啊?

Lucky熊感觉有好多小爪子在心口挠着，又感觉自己像站在热锅上一样，豆大的汗珠不断地从脸上往下滴，都在脸上流出条小溪了。

"怪物，怪物，怪物……"Lucky熊想，到底要编个什么怪物呢,什么怪物会踢足球呢？

不行，隐瞒错误的感觉太难受了。

Lucky 熊深吸了一口气，抬起头，看着黑熊大叔，说："黑熊大叔，呃，呃，没有，没有怪物。是，是我踢球把，把……"Lucky 熊又深深地吸了一口气，说："是我踢球的时候不小心把您的盆栽踢倒了，然后我很害怕，就赶紧跑了，没有怪物。对不起，我错了！"Lucky 熊咬紧牙，紧闭眼睛，等待着黑熊大叔那可怕的吼声。

一秒过去了、二秒过去了、三秒过去了……好像过去了好久好久，Lucky 熊偷偷地睁开一只眼睛，发现黑熊大叔正笑眯眯地看着他，说："哦，原来是这么回事啊。这可比怪物容易处理多啦！走吧，和我一起回去重新把盆栽种一下吧！"

Lucky 熊睁大眼睛看着黑熊大叔，一副不敢相信的样子。

黑熊大叔拍拍 Lucky 熊的头说："Lucky 熊，犯了错误不要紧，勇敢承认就可以了，但是要承担后果。所以现在你要和我一起回去，把盆栽重新种一下。走吧！"

Lucky 熊感觉轻松多了，隐瞒错误的感觉太难受了，心一直扑通扑通地跳，就快要跳出来了。现在舒服多了，这感觉真好。

Lucky 熊跟在黑熊大叔身后，心里默默地下了一个决定，以后自己犯错，不管是面对谁，一定不隐瞒，要勇敢承认，跟对方说一句：对不起，我错了。

亲子情商讨论

请父母带着小朋友一起讨论以下问题：

➤ Lucky熊和小花猫为什么要跑呢？

➤ 羞羞兔、小象皮皮、小乌龟他们为什么要跑呢？

➤ 谁是可怕的怪物呢？

➤ Lucky熊看到黑熊大叔之后，他做了什么事情？
  说了什么话呢？

➤ 刚开始Lucky熊的心情是怎么样的，最后Lucky
  熊的心情是怎么样的呢？

➤ 黑熊大叔又说了什么，做了什么呢？

亲子情商游戏 —— 道歉小勇士

游戏规则（见下图）：

● 由父母担任主持，宣布游戏规则：

　　所有人听我口令，排成一排。

　　喊1往前一步，喊2往后一步，喊3往左一步，喊4往右
一步。

● 游戏开始之后，如果做错了，或者慢了，只要超过3秒，就

要到大家面前道歉：对不起，我错了。

- 其他人回应：犯错没关系，勇敢改正再努力。
- 继续游戏。

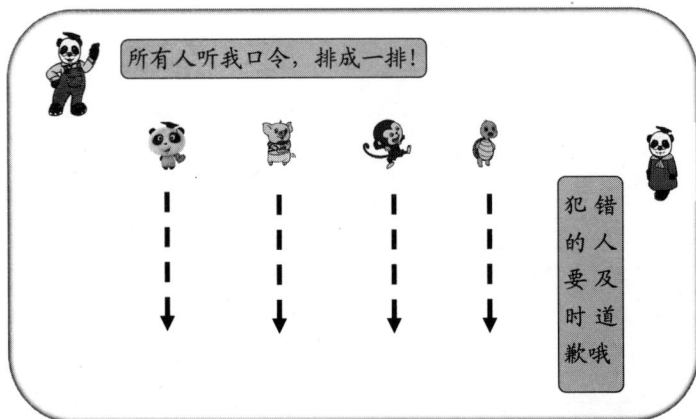

注意：父母可以提前和家庭成员沟通，确保每个人都有犯错的时候，让孩子明白，每个人都是会犯错的，这并不是什么严重的事情，但是犯错之后，要努力改正，下次做好。

亲子情商家庭教育策略

（1）面对孩子的错误，请先管理好自己的情绪，平和处理

在面对孩子的错误时，父母要学会接纳，继而引导孩子认识错误、改正错误。请注意，孩子犯错，并不是让父母发泄情绪，解决问题才是关键，因此一定要先处理自己的情绪，平静下来再来处理问题。

不然孩子一犯错，父母情绪就激动，甚至指责打骂，孩子会在自己犯错和父母的愤怒之间建立认知，觉得只要做错就会引起父母的愤怒和惩罚，为了避免这种情况，孩子就不会主动和父母说自己做错事了，瞒得了就瞒，瞒不了就扛着不认。

而且，如果父母在面对孩子的错误时，情绪经常激动，还会混淆孩子对于错误性质的判断。因为孩子在对事物没有清晰的认识前，对错误的严重程度是根据父母的反应来认知的，父母的反应越激烈，孩子会觉得这个错误越不可原谅。因此如果父母每次反应都很激动，孩子将会建立一种错误认知，摔破一个碗和打架性质是一样的，他们不会清晰地认识事情的重要性，这就是很可怕的事情了。如下图所示。

父母们如果发现孩子出现了犯错不愿意承认，就需要认真反思了。孩子是否对认错这件事产生厌恶恐惧心理，从而不敢、不愿认错。

除此之外，关于孩子不认错还有两个原因。如下图所示。

对于这两点原因，父母要从提高孩子自信心方面进行培养。孩子在建立自信心的过程中需要不断提高能力感，证明自己是对的，自己是好的。如果有错误，就等于证明自己错了，是不好的，因此他们不敢或者不愿意面对错误。

这种情况在孩子自我意识发展的几个敏感期最为明显。比如孩子四五岁开始不认错了，青春期也变得不讲理了，明明错了还不承认。

这些都只是孩子在发展自我保护意识，是一种心理需要，想方设法去证明自己是好的，所以不能有错误，也不能认错。

不管孩子是哪种原因导致的不认错，对于父母来说，都要重新调整自己对于孩子犯错这件事的心态。父母的平和心态能给孩子安全感，这样他才有勇气去承认错误，才有改变的可能性。

（2）让孩子学会真诚道歉并改错

廉颇向蔺相如负荆请罪，被视为千古佳话，被后世奉为道歉认错的经典案例，就像在《水浒传》中李逵犯了大错，浪子燕青给他提了个建议，效仿廉颇去负荆请罪，请求宋江原谅。

负荆请罪这个行为，不符合如今的时代了，但是这个行为下的精神和态度，是我们认错时必须要学习的。

真诚悔过，发自真心地意识到自己的错误。但如果廉颇老将军只是认了个错，之后还是和之前一样处处羞辱蔺相如，那还能成为千古佳话吗？

因为他认错之后，一改之前行为，和蔺相如共同辅佐赵国。这是认错的第二个层面，痛改前非、弥补过错、改变行为（见下图）。

真诚认错两层面

态度层面
真诚悔过，发自真心地意识到自己的错误。

行为层面
痛改前非、弥补过错、改变行为。

因此，父母可以用情商技巧"改正错误四步曲"来引导孩子学会真诚道歉，改正错误。如下图所示。

改正错误四步曲

01 真正认识到错误

02 让孩子知道错误造成的后果

03 让孩子真诚道歉

04 犯错之后需要承担自然后果

第一步：真正认识到错误。

很多孩子将道歉流于形式、走过场，将"对不起"变成逃避惩罚的挡箭牌，认为说一句对不起，就万事大吉了。其中有个重要原因是，孩子根本不认为自己错了，如何会真心道歉呢？

要让孩子学会行为界定，可以借助情商技巧"行为红灯三步曲"。如下图所示。

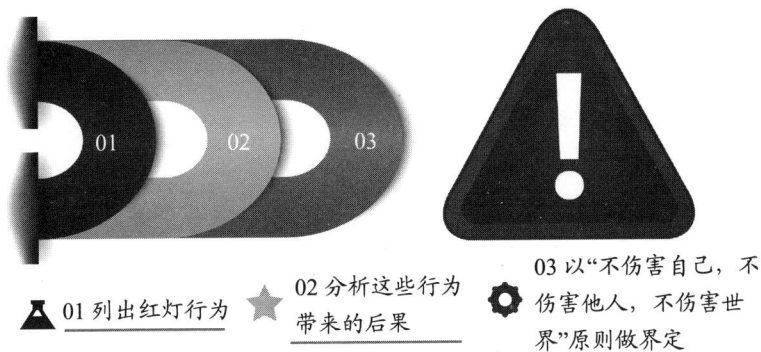

01 列出红灯行为

02 分析这些行为带来的后果

03 以"不伤害自己，不伤害他人，不伤害世界"原则做界定

（1）列出红灯行为

父母和孩子一起列出不能做的行为，或者犯错的行为，可以具体化场景，比如在学校有哪些行为不能做，在家里有哪些行为不能做，在游乐场有哪些行为不能做，然后再和孩子讨论，由孩子主要来说出，不一定很多，可以慢慢想到再补充。

（2）分析这些行为带来的后果

将每个行为写出来之后，父母要和孩子一起讨论，为什么不能做，做了会导致什么结果，孩子知道原因后就不会误认为这是对他的限制。

（3）以"不伤害自己，不伤害他人，不伤害世界"原则做界定

日子每天都在过，孩子每天都在变，父母不可能把所有红灯行为都列出来，那就教会孩子做事原则，如果一件事情造成的后果会"伤害自己"或者"伤害别人"，或者"伤害世界"，那就不要去做。当然，这里排除一下是因自我保护伤害了别人等等的特殊情况。

这个原则也是避免父母们对孩子的行为矫枉过正。只要不是原则问题，可以给孩子自主的时间和空间，让他自己去学习成长。

第二步：让孩子知道错误造成的后果。

很多时候孩子不愿意认错，是不认为某件事是错误的，不知道会产生什么后果或者还没造成什么后果。比如推了一个孩子，对方没有摔倒，他会说"他没摔倒也没受伤，我为什么要认错"。

因此，让孩子知道事情已经或者有可能造成的后果损失之后，往往不用父母教育，他都知道自己错了。

此时，父母一定要避免说后果时变成情绪宣泄、评判或批评，"你看你做了什么事，怎么能这么做呢？怎么总是不听话呢？"说多了，会激起孩子逆反心理。

父母可以用情商技巧【错误描述公式】来让孩子意识到他犯的错误，造成的后果。如下图所示。

| 错误描述公式 | 错误描述公式=描述行为+造成后果 |

描述行为
你刚刚推了妹妹

讲解后果
她摔倒磕破了膝盖

第三步：让孩子真诚道歉。

有些孩子意识到自己有错误之后，就是不愿意开口道歉，而父母就会着急了，催着孩子道歉，这样反而会让孩子又回到最初的想法，重新坚定自己没错，不用道歉，甚至再找理由说服自己是没错的。因此只要孩子意识到自己错了，这就是很好的开始，说不说对不起，不急在一时。我们自己也有这种经验，话到嘴边开不了口，就是说不出来。

此时要多观察孩子的肢体语言、表情，是不是已经认识到错误，但就是不好意思张嘴道歉，如果是这样，父母就可以用迂回的方式让孩子表达歉意。

情商语言	➤ 哦，妈妈知道了，你也知道自己错了是吧，也愿意和我道歉，只是现在还在准备。那我等等你。
	➤ 那这样吧，你可以选择一种道歉方式，是和我说对不起，还是抱一下我。
	➤ 那你把这个玩具给妹妹吧，当做道歉，但是我想妹妹还是想要听你说对不起的。

此时说不说"对不起"并不是重点了，重点是孩子意识到自己的错误，并且愿意真诚地道歉了，只是还说不出口，但一定要让孩子做出道歉的行为。因为这是个仪式，让孩子有个身体记忆，知道自己错了，再逐步引导他用语言来道歉。

第四步：犯错之后需要承担自然后果。

父母便要避免陷入一个误区，当看到孩子敢于承认错误，觉得孩子进步了，一时心软心疼，就摆摆手，算了算了，还是个孩子，不要跟他计较了，这件错事就不了了之了，甚至还会带着孩子去吃东西买玩具，美其名曰表扬孩子主动承认错误。

千万不要这么做，认错行为很重要，改错行为更关键。改正错误不再犯才是最重要的教育目的。当孩子认错之后，该承担的后果要让孩子去承担，可以采取自然惩罚措施。

该道歉的就要让孩子道歉，自己打破碗就要自己来收拾，撕坏书就没有书看，弄坏别人的东西该赔偿的就要进行赔偿，可以先由父母代付，然后从零花钱扣，打伤了别人就和孩子一起带伤者去医院检查。

注意，一定要让孩子参与到整件事情的善后工作中，在他能力范围内的工作就让他作为主要办事者，父母可以在后面给他提供支持，但一定不要包办。超出孩子能力范围的，就让孩子当助手，让孩子做到这件事的最后一步。这样才能让孩子意识到他的错误行为造成的后果，需要自己去善后，他才会意识到错误的严重性。同时也知道正确的处理方式是什么了，那么下次再犯的可能性才会减少。

父母也要做好心理准备，犯错的可能性减少不代表不会再犯，还是有可能再犯的，因为孩子还没有真正内化成自己的行为准则。

这也是很正常的情况，父母需要接纳、允许孩子再犯。屡次犯错—屡次指出—屡次承担后果—接受惩罚，在这个循环过程中，孩子便逐渐明白什么可为、什么不可为，管理自己，健康成长。

第五节　批评也是一种爱

> 批评的艺术在于严厉与善良的圆满结合，让学生在老师的批评中感受到的不仅仅是合乎情理的严厉，而且是对他充满人情味儿的关切。
>
> ——苏霍姆林斯基

情商信念 —— 批评也是一种爱

儿童情商故事

生气的小狐狸

音乐课上，山羊老师正在教大家唱《森林之歌》。

可是小狐狸却一直趴在桌子上，和小花猪嘀咕着说悄悄话。

山羊老师走过来了，敲敲桌子，声音有些严肃地说："小狐狸，老师在教大家唱歌，而你在说悄悄话，这是不对的，你自己没有学，还会影响小花猪。"

哼，小狐狸最不喜欢被批评了。

他扭过头，闭上眼睛，嘟着嘴，气鼓鼓地不再说话，可是也不唱歌。

等到大合唱的时候，他一句歌词也唱不出来，站在那里羞红了脸。

放学后，他背起小书包，迅速地跑出了学校。

他踩坏了正在唱歌的小花朵，压扁了迎风跳舞的小绿草；还撞翻了黄牛大叔的小推车，踢走了猴子小弟的小汽车。

身后传来"哎呦哎呦""啊啊啊"的声音，但是小狐狸头也不回，一个劲儿地朝前跑，然后一把撞进了黑熊大叔的怀里。

黑熊大叔紧紧地拉着小狐狸，皱着眉头，严肃地说："小狐狸，你在路上跑得这么快，很容易撞到别人，或者被别人撞到，这样很危险，不能跑这么快，要认真看路慢慢走。"

哼，小狐狸最不喜欢被批评了，他扭扭身子，用力一转，就从黑熊大叔手下钻了出来，他朝黑熊大叔吐吐舌头，然后尾巴一扫，扭过身子，嗖地跑开了。

这下子可危险了，一辆小汽车也嗖地开过来了，马上就要撞到正在奔跑的小狐狸了。

黑熊大叔三步并作两步走，大手一伸，赶紧抓住小狐狸，用力一拎，轻轻一放，把小狐狸拉了回来。

刚一放手，小狐狸脚一软，一屁股坐在地上哇哇大哭起来，太可怕了，他差点就被撞飞了。

黑熊大叔摸摸小狐狸的头，温和地说："小狐狸，走路一定要认真看，不能横冲直撞的，看，刚才多危险，你差点就被撞到了。你以后可千万不能这样了啊，太危险了。"

嗯。小狐狸用力地点点头，说："以后一定改，一定认真看路慢慢走。"

小狐狸抹抹眼泪，点点头又说："黑熊大叔，我记住你的话了。"

黑熊大叔笑眯眯地点点头，说："要是你刚才就听我的话，改过来，就不会差点被撞到啦。"

小狐狸一下子羞红了脸。是啊，黑熊大叔第一次批评自己，虽然有些严肃，可是却是为自己好啊，要是自己接受了批评，并且改正过来，好好看路，那就不会发生这样的事情了。要是黑熊大叔不在，那后果……小狐狸不敢想下去了。

他真诚地点点头，说："黑熊大叔，我知道了。我一定改过来。"

黑熊大叔摸摸小狐狸的头，说："批评也是一种爱，是希望你做得更好。"

小狐狸歪着脑袋想了一会，用力地点点头，说："我记住了，批评也是一种爱。我会改的，我保证。"

说完，小狐狸拍拍身上的灰尘，和黑熊大叔挥手说再见，他决定了，明天要去向山羊老师道歉，然后认真地学习唱歌。

太棒了，看来啊，小狐狸不会再讨厌被批评了。

因为他知道了，批评也是一种爱。

🍯 **亲子情商讨论**

请父母带着小朋友一起讨论以下问题：

➤ 山羊老师为什么批评小狐狸？

➤ 小狐狸为什么很生气？

➤ 黑熊大叔第一次为什么批评小狐狸？

➤ 小狐狸为什么又很生气？

➤ 黑熊大叔第二次为什么批评小狐狸？

➤ 小狐狸为什么不生气了呢？

亲子情商游戏 —— 批评达人

游戏规则（见下图）：

- 父母和孩子准备各种场景。
- 抽签，抽中签的一方为被批评方，对方来批评：描述事情 + 造成后果 + 如何改正。
- 被批评方选择是否接受批评。

参考场景：

随手扔垃圾、闯红灯、抢小朋友玩具、偷偷拿东西、在客厅抽烟、把饭煮糊了……

注意：批评是为了让对方改正错误，而非自我情绪的宣泄，因此该环节是通过游戏方式练习父母和孩子的批评语言，可以多选择一些生活中发生的场景进行练习，提高孩子对批评的承受力，并引导他改正不良行为。

亲子情商家庭教育策略

（1）批评之前先了解清楚事情的真相，不妄下结论

孩子的认知有限，是非观尚在完善阶段，自然会不断犯错。批评就是让孩子更加深刻地认识到错误，从而改正错误。那么，批评就应该是一场有效的交流和对话，而非父母发泄情绪的途径。大声的责备、咆哮的语调、发怒的表情、伤人的话语，这已经违背了批评的意义，变成了语言暴力，只会让孩子身心受创。

同时，在批评这件事上，父母需先了解事实真相，再来说结论，而不能仅听只言片语，或者只看表象，主观地对孩子的行为进行判定。还没等孩子开口，父母就变成裁判给孩子出示了红牌，变成法官给孩子定罪了。一旦事情并不是表面发生的那样，父母的盲目批评不

仅起不到教育作用，反而会让孩子感到冤枉委屈，产生逆反心理，造成亲子关系紧张。

因此，永远要给孩子一个为自己解释的机会，因为我们并不一定在现场，事情的前因并不清晰，父母主观的判断很容易伤害到孩子。先了解一下事情的真相，让孩子说说事情的经过，为什么要这么做，然后再下结论。

（2）即使犯错也请保护孩子的自尊，不在众人面前批评孩子

英国哲学家洛克曾指出："父母不宣扬子女的过错，则子女对自己的名誉就愈看重，他们觉得自己是有名誉的人，因而更会小心地维护别人对自己的好评；若是当众宣布他们的过失，使其无地自容，他们愈是觉得自己的名誉已经受了打击，设法维持别人的好评的心思也就愈加淡薄。"

来看一则故事：

> **案例**
> 一位相国微服私访，途经一片农田时休息片刻，见一农夫耕地，便搭话道："你这两头牛，哪一头更棒呢？"农夫看着他，一言不发。等耕到了地头，农夫将牛领到一旁吃草，才附在相国耳朵边低声地说："告诉你吧，边上那头牛好一些。"
> 相国不知道农夫为什么会如此表现，农夫答道："牛虽是畜类，心和人是一样的。我要是大声地说这头牛好那头牛不好，它们能从我的眼神、手势、声音里分辨出我的评论，另一头牛心里会很难过……"

因此，当孩子当众犯错之后，正确的做法是，将孩子带到一边，或者一个相对私密的地方，只有父母和孩子两个人，然后再对孩子进行批评。如果刚好有人路过，要干预或者打圆场，请礼貌地拒绝："不好意思，现在我和孩子需要单独沟通的时间，我们自己处理就好。"

如果有情绪激动的第三方对象，要你给个解决方法，那么父母此时要站在孩子面前保护他，而非将孩子推出来，也可以先安抚对方情绪，再来做内部处理。

在外面，父母要和孩子站在同一战线。你是他的盟友，你要保护他，不能和其他人一起对付他。父母了解清楚事实之后，如果确实是孩子的错，那便要真诚道歉，并承担后果。

情商语言

➤ 这位家长，如果真是我孩子的错，我们会承担后果的，但是现在请给我点时间，了解一下事情是怎么样的。

➤ ××妈妈，请您先冷静一下，具体发生了什么事情，我们并不清楚，先好好了解一下情况。您放心，要是责任在我们这里，我们会承担的。

➤ ············

（3）批评只是为了更正行为，不给孩子人格贴标签

批评的目的只是为了更正孩子的行为，让孩子下次不要再犯，而不是抨击孩子的人格"你怎么那么笨，你怎么连这个都做不好"。

父母可以用情商技巧【批评四步曲】直接指出哪些行为做得不好，需要改正，接下来应该怎么做，引导孩子去做就好。如下图所示。

描述行为　　01　02　　造成后果

改正行为　　04　03　　表达感受

第一步：描述行为。

父母要讲出孩子做了什么事，不是带着评判的语气。如"你怎么又迟到了"这是评判；"你今天迟到了10分钟"，这是客观行为。客观行为是不容否认的，孩子内心不会抵触，因为他确实是做了这件事情。

第二步：造成后果。

父母要为孩子讲解他的行为造成的实际后果，或者接下来会发生的事情。记住不要去夸大，不要吓唬孩子，避免孩子产生对错误的恐惧心理。

第三步：表达感受。

感受可以是对方的感受，也可以是你的感受。这个根据实际情况可以说，也可以不说。

第四步：改正行为。

就是明确指出孩子接下来要做什么事情了。

父母在运用"批评四步曲"时要注意，批评要有针对性，对当前的问题有什么说什么，就事论事就好，不要翻旧账。翻旧账不仅会分散孩子的关注焦点，还会让孩子感到厌烦。

批评的目的是改正，如果批评之后孩子还不改正，就要具体问题具体分析了。是孩子没有掌握方法，还是后果不够引起他的重视。如果是前者，那就需要再教孩子做事情的步骤，重复练习直到掌握；如果是后者，父母就要明确地指出这个行为不可以再继续下去，不然会受到哪些惩罚。

同时惩罚一定是要有效的，减少孩子喜欢的物品或事件，或者增加孩子厌恶的物品或事件。下次再犯，一定要严格执行惩罚。记住，是一定要，如果孩子有情绪发脾气，先处理情绪，再执行惩罚，不能不了了之。

这个过程中，父母平和坚定地执行惩罚约定就可以，孩子才能深刻意识到错误，降低再犯的可能性，成为更优秀的自己。

正如莎士比亚所说："最好的好人，都是犯过错误的过来人；一个人往往因为有一点小小的缺点，将来会变得更好。"

能接受批评，并且改正的孩子，内心将会更强大，能力将会更优秀，在困境中，才会突破自己，向阳而生！

笔 记

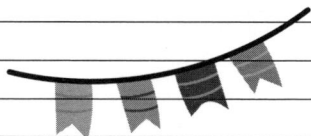

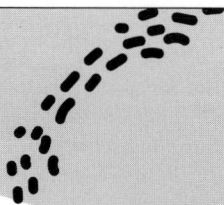

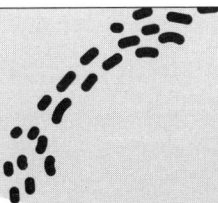